몇 번이고 만들고 싶은

홈디저트

airio's sweets

아이리오 지음

임지인 옮김

시그마북스
Sigma Books

들어가며

안녕하세요. 수많은 디저트 책 중 이 책을 펼쳐주셔서 고맙습니다.

제가 과자를 만들기 시작한 이유는 아이가 태어났을 때, 생일 케이크를 직접 구워 축하하고 싶은 마음이 생겼기 때문입니다.

처음 만든 케이크는 부끄러울 정도로 어설퍼서 지금으로 치면 인스타그램에 올릴 수도 없는 수준이었지요. 그래도 어떻게든 완성했다는 뿌듯함을 느끼고, 맛있게 먹어 주는 가족들 모습을 보며 기쁘고 행복한 감정을 온전히 만끽했던 순간을 지금도 또렷이 기억하고 있습니다.

자연스레 베이킹에 푹 빠지게 되어 '어떻게 하면 실패하지 않고 맛있는 디저트를 만들 수 있을까?' 고민하면서 매번 메모하기도 하고, 아쉬움이 남는 과자를 잔뜩 구워서는 다음에는 이렇게 해야지, 저렇게 해야지, 고군분투하다 보니 디저트 레시피를 연구하는 과정이 점점 재미있어지기 시작했습니다.

실패한 적이 있기에 실패하지 않고 완벽하게 굽는 방법도 발견할 수 있었습니다. 저의 레시피는 이런 경험을 통해 완성되었답니다.

지금은 cotta 홈페이지와 인스타그램에 올린 저의 디저트 레시피를 보고 따라 만들어주는 든든한 여러분이 제 곁에 있습니다.

'#아이리오레시피'라는 해시태그가 달린, "맛있었다", "성공적이었다" 등의 후기와 여러분이 만든 디저트 사진을 발견할 때마다, 그리고 여러 방식으로 궁리한 오리지널 레시피를 공유하는 일을 통해서도 디저트를 만드는 즐거움과 기쁨을 경험하고 있습니다.

그런 여러분의 목소리와 저의 경험이 가득 쌓여 완성된 몇 번이라도 만들고 싶은 레시피를 더 많은 분과 나누기 위해 이 책을 집필했습니다. '집에서 만드는 디저트도 제과점에서 파는 것처럼 맛있고 귀엽게, 과자를 만들면서 행복한 시간과 기분을 느낄 수있게, 그리고 무엇보다 쉽게 이해할 수 있도록 공정 사진을 잔뜩 실어보자!' 이런 저의마음을 꾹꾹 담았답니다.

책 속 디저트를 여러분이 즐겁게 만들고 만족스러운 결과물에 뿌듯함을 느끼면서맛본 분들도 맛있다고 기뻐해준다면 저자로서 그것만큼 기쁜 일은 없을 거예요.

그리고 이 책이 포스트잇 범벅이 되거나 밀가루와 버터로 더럽혀진다면 그건 저에게 무척이나 명예로운 일입니다. 부엌이나 언제나 손이 닿는 곳에 두고 활용해주시면좋겠습니다.

아이리오

CONTENTS

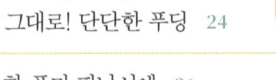

PART
3
Special

난이도 약간 높음!
특별한 날의 케이크

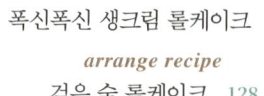

Column

STAFF

표지·본문 디자인/요코타 요코
촬영/스즈키 에미코, 아이리오
스타일링/야다 치카코, 아이리오
일러스트/스에츠구 토모미
교정/바쿠슈아트센터
편집/야스이 마키코

"최고로 맛있게!"를 우선순위로

먹었을 때 "맛있어!" 하고 기뻐해주기를 바랐기에 맛은 절대로 타협하고 싶지 않았습니다. 재료와 배합에 심혈을 기울이는 것은 물론이고 별것 아닌 것처럼 보이는 작업 공정에도 맛의 비밀이 숨어 있답니다.

1 재료와 배합, 만드는 공정에 심혈을 기울였습니다

이를테면
박력분을 구분해서 사용한다

박력분은 과자를 만들 때 빼놓을 수 없지요. 저는 몇 가지 제과용 박력분을 과자에 따라 구분해서 사용합니다. 바삭바삭한 식감이 생명인 쿠키와 타르트지를 만들 때는 '에크리튀르(ECRITURE, 단백질 함유량 9.2±0.7%, 회분 0.43%로 중력분에 가까운 프랑스산 밀을 100% 사용한 박력분-옮긴이)'를, 폭신한 식감이 생명인 제누아즈를 구울 때는 '슈퍼 바이올렛(SUPER VIOLET, 단백질 함유량 6.5±0.5%, 회분 0.35%로 미국산 밀가루를 사용한 박력분-옮긴이)'을 사용해요. 풍미와 식감이 크게 차이 나니 꼭 한번 구분해서 사용해보세요. 물론 평소에 사용하는 박력분으로 만들어도 됩니다.

> 27299
> cotta フランス産小麦100%使用
> 薄力粉エクリチュール 1kg

cotta 프랑스산 밀 100% 사용
박력분(에크리튀르) 1kg

이를테면
다 구워졌을 때를 고려해서 유지류를 선택

버터는 풍미와 감칠맛이 있고, 미강유(쌀겨에서 추출한 기름-옮긴이)는 특유의 향이 없고 매끄러워 사용하기 편하다는 특징이 있습니다. 어느 쪽을 사용할지 판단하는 기준은 바로 맛! 예를 들어 제누아즈를 만들 때는 버터를 사용하는 게 정석이지만, 다 구운 제누아즈에 생크림 등으로 장식한 후에는 냉장실에 넣어 보관해야 해서 차가워져도 폭신함이 오래도록 유지되게끔 일부러 미강유를 사용했습니다. 반대로 상온에 보관하는 구움과자는 버터의 풍미를 최대한 살리는 레시피로 만들었습니다. 간편함과 풍미를 모두 잡기 위해 머핀에는 버터와 미강유를 합쳐서 사용할 때도 있습니다.

두고 레시피를 만들었습니다

여러분이 성공하는 순간을 가득 쌓을 수 있도록 곳곳에 어드바이스를 적어두었습니다.
최고로 맛있는데 만들기도 쉽고, 귀엽기까지 한 디저트 레시피를 한데 모은 책입니다.

먹음직스럽게 굽는 요령 대공개!

맛은 당연히 있어야 하고, '좀 더 예쁘고 간편하게' 만들 수 있도록 시행착오를 거듭했습니다. 예를 들어 스콘은 틀에 찍기 전에 2절 접기를 하면 스콘 결이 예쁘게 갈라지지요. 어렵게 느껴지는 슈크림이지만 쿠키슈로 만들면 성공할 확률이 쑥 올라간답니다!

2 '왜?'를 알면 실패하지 않는다!

'아하!'가 가득
기준이 되는 상태를 사진으로 확인

과자는 재료도 이것저것 필요하고 손도 많이 가서 '좋아, 만들어봐야지!' 하고 도전했다가 막상 실패하면 심적 타격이 큰 법입니다. 그렇기에 실패하지 않도록 예방책이 필요합니다. '아하!' 하고 깨닫는 것이 성공으로 가는 지름길이지요. 그저 요령을 소개하는 것만으로 그치지 않고 이유도 함께 설명했습니다. 또한 과자는 과학입니다. 타이밍을 놓치면 부풀지 않거나 맛에 영향을 끼치기도 합니다. 말로 하는 설명보다 사진으로 보면 일목요연합니다. 이 책에서는 기준이 되는 상태를 눈으로 보고 확인할 수 있게끔 과정 사진을 가득 게재했습니다.

이를테면 22쪽
「실크처럼 부드러운 푸딩」의 캐러멜 만들기

이 정도 색이 기준

이를테면 49쪽
「말차 랑그드샤」 반죽을 만들 때의 포인트

달걀흰자를 머랭으로 만들어 섞는 이유
달걀흰자는 휘핑하지 않으면 끈적끈적한 상태라 버터와 고루 섞기 어렵습니다. 머랭으로 만들면 섞기 수월할 뿐만 아니라 공기를 가득 머금게 되어 가벼운 식감으로 구워집니다.

3 낭비를 없앤다!

다 먹을 수 있는 크기가 기본

시간이 지나면 아무래도 과자 맛이 떨어지기 마
련입니다. 그래서 며칠 사이에 다 먹을 수 있는 양
의 레시피를 제안하고 있습니다. 예를 들면 원형
틀은 지름 15cm, 타르트링은 지름 16cm이고, 파
운드틀도 작은 편이랍니다(6.5cm×16cm×높이 6cm).
크기가 작으면 선물하기도 좋아요.

남은 반죽으로 장식을 만든다

짤주머니에 남은 슈 반죽이나 틀에 깔고 남은 타르트 반죽을 장식으
로 활용합니다. "귀여워!" 하고 자주 칭찬을 받곤 하는데 실은 남은
재료가 아까워서 떠올린 발상이랍니다. 다른 과자를 꾸밀 때도 되도
록 남은 재료로 심플하게 완성할 것을 늘 명심하며 만듭니다.

이 책을 보는 법

- 박력분은 따로 표기가 없는 경우, 제과용 박력분(돌체. 단백질 함유량 9.3±0.5%, 회분 0.41±0.03%로 무농약 홋카이도산 밀가루 100%–옮긴이)
을 사용했습니다.
- 그래뉴당은 고운 것(미립자)을 추천하지만 취향에 맞게 사용해도 됩니다.
- 달걀은 특란을 사용했습니다. 전란(푼 상태), 달걀노른자, 달걀흰자 모두 레시피 속 그램 표시를 참고해서 준비해주세요.
- '소금 약간'이란 0.2~0.3g입니다. 0.5g 이상은 표기해두었습니다.
- 생크림은 기본적으로 유지방 성분 42%인 것을 사용했습니다. 생크림이 아닌 크림(식물성 지방을 배합)으로 만들면 결과물에 영향을
끼치므로 주의해주세요.
- 덧가루는 강력분을 사용했습니다.
- 오븐 예열 온도는 굽는 온도보다 10℃ 높게 설정했습니다(과자를 넣을 때 오븐 문을 열면서 온도가 내려가는 것을 감안). 오븐은 전기 오븐을
사용했습니다. 브랜드와 기종에 따라 차이가 있으므로 레시피 온도와 굽는 시간은 어디까지나 기준으로 삼고, 상태를 지켜보면서 조
절해주세요.
- 전자레인지 가열시간은 600W를 기준으로 했습니다. 기종에 따라 다소 차이가 있으므로 상태를 보고 가열시간을 조절해주세요. 30
초 이하로 가열하는 경우, 비닐 랩의 유무를 적어두지 않기도 했습니다. 어떻게 해야 할지 신경이 쓰인다면 비닐 랩을 씌워주세요.

Basic

응용 레시피도 가득!

모두에게 칭찬받는 기본 과자

베이직한 과자일수록 맛에 집중했습니다. '최고로 맛있게!'는 물론,
과자의 크기와 분량, 난이도 등을 고려해 엄선한 레시피를 가득 담았습니다.
"맛있어!"라는 말은 만든 이에게 보내는 최고의 찬사이지요.
모든 세대에게 인기 있는 라인업을 소개할게요!

Quick muffin

섞어서 굽기만 하면 되는 간단 머핀

미강유와 녹인 버터로 반죽을 만들기 때문에
버터를 부드럽게 푸는 수고로움이 없어 무척 간편합니다.
필링은 크림치즈와 두 가지 베리류를 넣었는데,
여러분만의 재료로 다양하게 응용해보세요.
토핑용 아몬드는 굽기만 해도 바삭하고 고소해지니
꼭 구워주세요!

재료 (지름 6.3cm 머핀틀 6개 분량)

전란 ⋯ 60g

그래뉴당 ⋯ 45g

벌꿀 ⋯ 15g

소금 ⋯ 약간

버터(무염) ⋯ 30g

미강유(또는 샐러드유) ⋯ 30g

우유 ⋯ 30g

A │ 박력분 ⋯ 80g
　│ 아몬드가루 ⋯ 30g
　│ 베이킹파우더 ⋯ 4g

필링

　박크림치즈 ⋯ 48g

　블루베리 ⋯ 18개

　라즈베리(냉동) ⋯ 9개

아몬드 슬라이스 ⋯ 적당량

밑준비

- 전란과 우유는 실온 상태(약 20℃-옮긴이)로 준비한다.
- A는 합쳐 체로 친다.
- 크림치즈는 틀에 들어가는 크기로 6등분을 한다.
- 아몬드 슬라이스는 160℃에서 약 6분간 굽는다.
- 틀에 머핀컵을 깐다.
- 오븐은 굽기 15분 전에 오븐 팬째 190℃로 예열하기 시작한다.

\ 이 틀을 사용했어요 /

cotta 수직 머핀틀 대(6구)
1구당 크기: 지름 약 6.3cm×높이 3.3cm

11

만드는 법

1

버터를 중탕으로 녹여 미강유를 더해 섞은 후, 50℃로 유지한다.

2

볼에 전란을 넣어 거품기로 풀고 그래뉴당, 벌꿀, 소금을 넣어 설탕이 녹을 때까지 섞는다.

3

1을 2에 넣고 고루 섞어 유화한다.

> **유화란…**
> 유분과 수분이 고루 섞인 상태를 말합니다. 기름이 분리되어 뜨는 경우는 계속해서 저어 잘 섞어주세요.

> **50℃로 유지하는 이유**
> 온도가 내려가면 버터가 굳어 되직해져 2단계에서 달걀액과 고루 섞이지 않습니다. 반드시 중탕에 올려두어 50℃ 정도로 유지합시다.

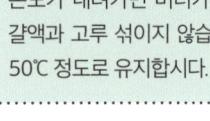

180℃
굽는 시간
20분

가장 열이 덜 가해지는 중심부에 찔러 확인!

7

크림치즈를 올리고 세 개에는 블루베리를 6개씩, 나머지 세 개에는 라즈베리를 3개씩 얹고 위에서 손가락으로 살짝 누른다. 아몬드를 뿌린다.

8

예열한 오븐을 180℃로 낮추고 7을 넣어 약 20분간 굽는다. 나무 꼬치로 찔러 반죽이 묻어나오지 않으면 다 구워진 것이다.

> **손가락으로 누르는 이유는?**
> 베리류는 당분이 많아 쉽게 타버립니다. 반죽에 살짝 밀어 넣으면 열이 과하게 전해지는 걸 막을 수 있어요.

4

우유를 넣고 계속해서 섞는다.

5

가루류(A)를 한 번 더 체를 치면서 넣고, 날가루가 보이지 않을 때까지 섞는다.

6

반죽을 짤주머니(깍지 필요 없음)에 넣어 틀에 균등하게 채운다.

9

틀에서 꺼내 식힘망 위에 올려 한 김 식힌다.

맛있게 만드는 요령

하나의 볼에 재료를 순서대로 넣어 섞기만 하면 끝. 실온에 둔 버터와 달걀로 반죽을 만들 때보다 분리도 안 되고 잘 섞여서 손쉽게 완성할 수 있는 레시피입니다. 오일에는 녹인 버터를 더해 깊이와 풍미를 더했습니다(버터를 빼고 미강유를 총 60g 넣어도 됩니다). 베리류를 넣어 구웠기 때문에 하루 이틀 내에 다 드시기 바랍니다.

Airio

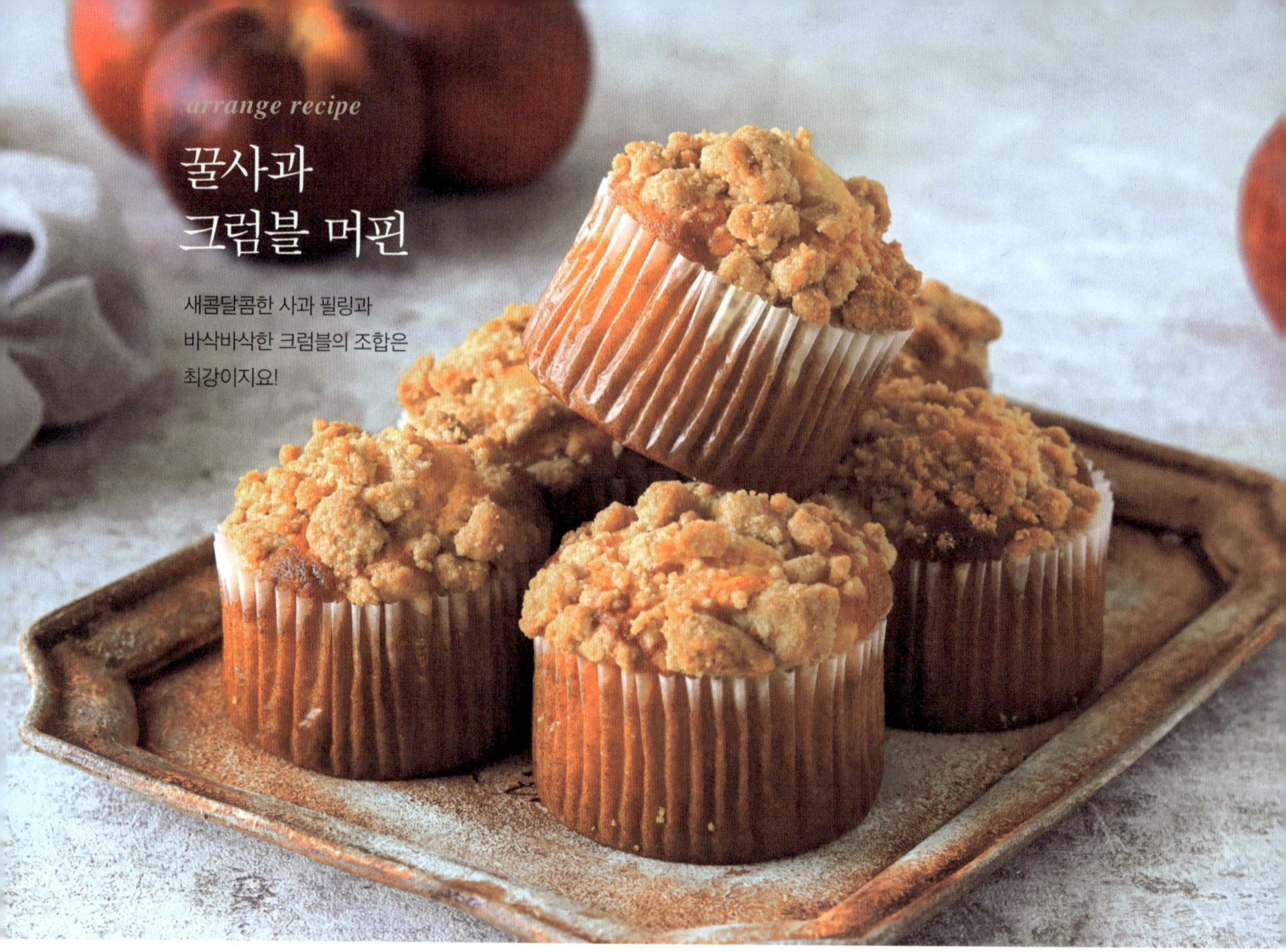

arrange recipe

꿀사과 크럼블 머핀

새콤달콤한 사과 필링과
바삭바삭한 크럼블의 조합은
최강이지요!

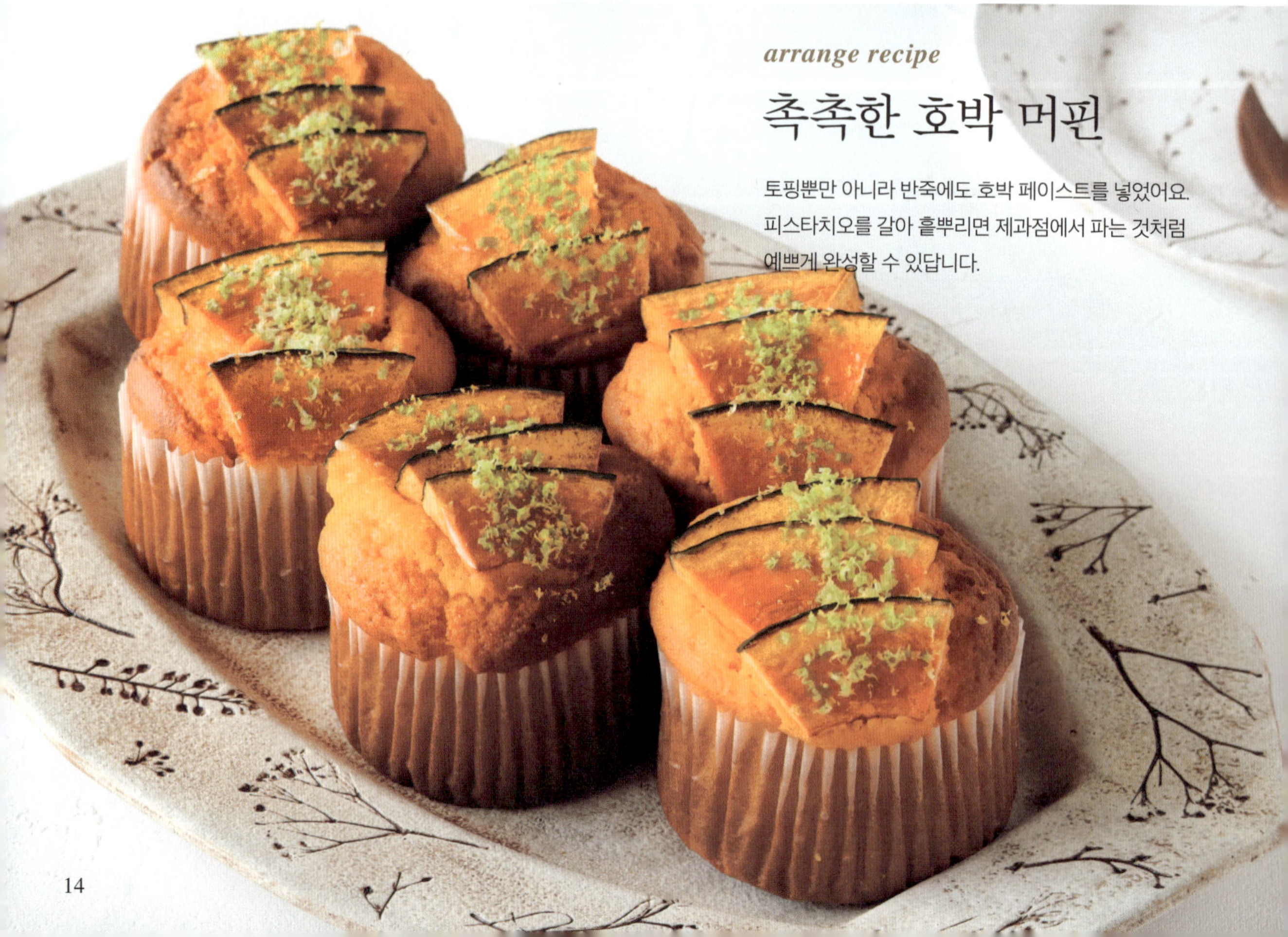

arrange recipe

촉촉한 호박 머핀

토핑뿐만 아니라 반죽에도 호박 페이스트를 넣었어요.
피스타치오를 갈아 흩뿌리면 제과점에서 파는 것처럼
예쁘게 완성할 수 있답니다.

꿀사과 크럼블 머핀

재료 (지름 6.3cm 머핀틀 6개 분량)

전란 … 60g

그래뉴당 … 45g

벌꿀 … 15g

소금 … 약간

버터(무염) … 30g

미강유(또는 샐러드유) … 30g

우유 … 30g

A │ 박력분 … 80g

　│ 아몬드가루 … 30g

　│ 베이킹파우더 … 4g

필링

│ 사과 … 과육 100g

│ 그래뉴당 … 30g

│ 버터(무염) … 5g

크럼블(71쪽/굽기 전의 상태) … 1/2 분량

밑준비

• 전란과 우유는 실온 상태로 준비한다.

• A는 합쳐 체로 친다.

• 크럼블은 사용하기 직전까지 냉장실에서 차게 보관한다.

• 틀에 머핀컵을 깐다.

• 오븐은 굽기 15분 전에 오븐 팬째 190℃로 예열하기 시작한다.

180℃ 굽는 시간 **20분**

만드는 법

❶ 필링을 만든다. 사과는 껍질을 벗기고 사방 1.5cm 크기로 썬다. 프라이팬에 사과, 그래뉴당, 버터를 넣어 중간 불에서 볶는다. 물컹해지고 전체가 옅은 갈색으로 변하면 불을 끄고(사진 a), 식힌다.

❷ 12~13쪽 「섞어서 굽기만 하면 되는 간단 머핀」의 **1~5단계**와 동일하게 머핀 반죽을 만들고, ❶을 더해 고무 주걱으로 고루 섞는다.

❸ 반죽을 틀에 균등하게 채우고 크럼블을 골고루 올린다(사진 b).

❹ 예열한 오븐을 180℃로 낮추고 ❸을 넣어 약 20분간 굽는다. 틀에서 꺼내 식힘망 위에 올려 한 김 식힌다.

a

b

크럼블은 녹지 않게 사용하기 직전까지 냉장실에 넣어두세요

촉촉한 호박 머핀

재료 (지름 6.3cm 머핀틀 6개 분량)

전란 … 60g

그래뉴당 … 45g

벌꿀 … 15g

소금 … 약간

버터(무염) … 30g

미강유(또는 샐러드유) … 30g

우유 … 35g

A │ 박력분 … 80g

　│ 아몬드가루 … 30g

　│ 베이킹파우더 … 4g

호박(껍질을 제거한 후) … 110g

호박 슬라이스(약 5mm 두께, 4cm 길이) … 18조각

피스타치오 … 3알

버터(가염) … 적당량

밑준비

위 「꿀사과 크럼블 머핀」과 동일하게 준비한다(크럼블 제외).

180℃ 굽는 시간 **20분**

만드는 법

❶ 내열 비닐봉지에 호박 110g을 담고 전자레인지(600W)에서 약 2분 30초~3분간 가열한다(가열 후 80g을 사용한다). 비닐봉지에 넣은 채 밀대로 두드려 페이스트 상태로 만든 후 식힌다.

❷ 12~13쪽 「섞어서 굽기만 하면 되는 간단 머핀」의 **1~4단계**와 동일하게 만들고, ❶을 더해 거품기로 고루 섞는다.

❸ 가루류(A)를 한 번 더 체를 치면서 넣고 날가루가 보이지 않을 때까지 섞는다. 반죽을 틀에 균등하게 채우고 호박 슬라이스를 3조각씩 올린다.

❹ 예열한 오븐을 180℃로 낮추고 ❸을 넣어 약 20분간 굽는다. 다 구워지기 2분 전에 피스타치오를 오븐 팬 빈 곳에 올려 함께 굽는다.

❺ 틀에서 꺼내 식힘망 위에 올려 한 김 식힌다. 따뜻할 때 호박에 버터(가염)를 문질러 잔열로 버터를 녹인 후, 피스타치오를 갈아 장식한다.

심플하게 맛있는
플레인 스콘

스콘은 재료가 간단합니다. 그래서 재료의 맛이 그대로
드러나기도 하고, 배합과 만드는 방식에 따라 맛과 식감이
완전히 달라져 무척이나 심오한 과자이기도 합니다.
여러 시행착오를 거쳐 펴고 접는 작업을 3절 접기로 하고,
펴는 방향도 바꿔보았더니 대성공!
바삭하고 맛있는 스콘이 되었어요.

재료 (지름 5cm 크기 8개 분량)

A │ 박력분 … 150g
  │ 베이킹파우더 … 6g

그래뉴당 … 20g

소금 … 1.5g

버터(무염) … 50g

우유 … 75g

덧가루, 우유(마무리용) … 각 적당량

밑준비

• 버터는 사방 1cm 크기로 썰고, 사용하기 직전까지
  냉장실에서 차게 보관한다.
• A는 합쳐 체로 치고, 사용하기 직전까지 냉장실에서 차게
  보관한다.
• 우유는 사용하기 직전까지 냉장실에서 차게 보관한다.
• 오븐은 굽기 15분 전에 오븐 팬째 210℃로 예열하기
  시작한다.

advice

버터가 녹지 않도록 가
루류와 우유도 냉장실
에 넣어 차게 한다.

맛있게 먹는 요령

구운 후 한 김 식었을 때가 최고로
맛있어요! 이튿날 다시 데울 때는
알루미늄포일로 감싸 구워주세요.
갓 구웠을 때처럼 겉은 바삭, 속은
폭신한 식감으로 되살아납니다.

Airio

Plain scone

만드는 법

1

볼에 체 친 가루류(A), 그래뉴당, 소금을 합쳐 거품기로 섞는다.

스크레이퍼
두 개가 없다면
하나로 해도 돼요

2

버터를 넣어 스크레이퍼 두 개로 버터를 잘게 자르면서 가루를 입힌다. 쌀알 크기의 작은 반죽 덩어리가 보이면서(오른쪽 사진·실물 크기), 전체적으로 노르스레해질 때까지 작업을 반복한다.

쌀알 크기가 기준!

advice

버터가 녹으면 식감에 영향을 끼치므로 여름철에는 **2**단계가 끝나면 20분 정도 냉장실에 넣어두세요.

접었을 때 안쪽이 될
윗면에는 덧가루를
뿌리지 마세요!

반죽 전체를 밀대로 눌러
반죽끼리 밀착시킨 후 미세요

6

방향을 90도 돌려 **5**단계와 동일하게 밀고, 3절 접기를 한다. 반죽을 비닐 랩으로 감싸 냉장실에서 1시간 휴지한다.

이 상태에서 비닐 랩을
씌워 냉장실로

밀대로 민 후 3절 접기를 하는 이유는?

밀대로 밀어 3절 접기를 하면 버터가 균일하게 퍼져 반죽 층이 정돈됩니다. 이렇게 완성된 반죽은 잘 부풀고, 사박사박 가벼운 식감을 냅니다.

7

덧가루를 뿌리고 반죽을 가로로 길게 올려(윗면에는 덧가루를 뿌리지 말 것), 밀대로 약 15×12cm 크기가 되게 밀고, 긴 쪽을 2절 접기한다(사진 오른쪽). 밀대로 좌우로 민 후, 아래위로 밀어 10×15cm로 만든다(두께는 약 1.5cm).

살살 눌러주며 쌓아 올리는
작업을 반복합니다

비닐 랩 두 장 사이에 반죽을 넣어서
밀면 밀대도 깨끗하게 사용할 수 있고,
작업대에 반죽이 달라붙지 않아요

3

우유 75g을 넣고 고무 주걱으로
가르듯이 섞어준다.

4

날가루가 어느 정도 안 보이게 되면 손바닥으로
반죽을 앞쪽을 향해 살살 눌러서 평평한 형태
로 만든 후 쌓듯이 올리며 한 덩어리로 뭉친다.

5

반죽을 작업대로 옮겨 덧가루를
뿌리면서 밀대로 14×24cm 정도
크기로 밀고, 3절 접기를 한다.

* 알아보기 쉽게끔 비닐 랩을 벗겼습니다.

푸드프로세서를 이용하면 간단

버터를 자르는 작업은 푸드프로세서를 이용하면 편하
고 빠르게 할 수 있습니다. A, 그래뉴당, 소금을 넣어 분
쇄하며 혼합한 후 버터를 넣고 계속해서 분쇄하며 혼합
합니다. 버터가 쌀알 크기가 되면 우유를 넣어 계속해서
돌린 후 **5**단계부터는 동일하게 만듭니다.

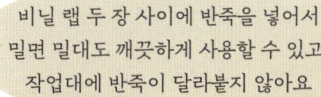

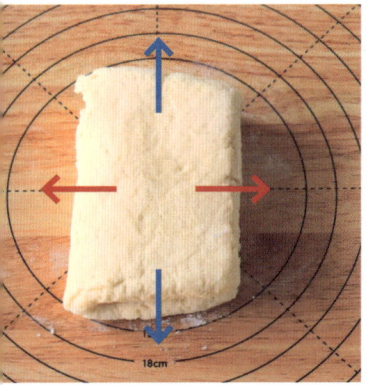

쿠키커터에 덧가루를 묻힌 후
한 번 털어내고 찍어내세요

200℃
굽는 시간
17분

2절 접기를 하는 이유

2절 접기를 해서 구우면
스콘 가운데 부분이 예쁘
게 갈라집니다. 안쪽 면에
덧가루를 뿌리면 잘 뭉쳐
지지 않으니 주의하세요.

8

지름 5cm 원형 쿠키커터로 반죽을 찍어낸
다. 자투리 반죽은 뭉쳐서 밀대로 밀고 마
찬가지로 쿠키커터로 찍어낸다. 더는 찍어
내기 어려운 반죽 분량은 뭉쳐서 비슷한
크기로 만든다.

9

오븐 팬에 타공 매트(141쪽)를 깔고 **8**을 올려
윗면에 붓으로 우유를 바른다. 예열한 오븐
을 200℃로 낮추고 약 17분간 굽는다. 오븐
에서 꺼내 식힘망에 올려 한 김 식힌다.

advice

우유를 바르면 다 구워졌
을 때 광택이 생겨요.

19

초콜릿 호두 스콘

칼로 자르기에 틀이 필요 없는 응용 버전입니다.
구운 초콜릿 같은 식감과 호두의 고소함 덕에
기분이 한껏 좋아져요.

재료 (약 5×4cm 크기 8개 분량)

A | 박력분 … 150g
  | 베이킹파우더 … 6g
그래뉴당 … 20g
소금 … 1.5g
버터(무염) … 50g
우유 … 75g
호두 … 25g
초코칩 … 25g
덧가루, 우유(마무리용) … 각 적당량

밑준비

- 버터는 사방 1cm 크기로 썰고, 사용하기 직전까지
  냉장실에서 차게 보관한다.
- A는 합쳐 체로 치고, 사용하기 직전까지 냉장실에서
  차게 보관한다.
- 우유는 사용하기 직전까지 냉장실에서 차게 보관한다.
- 호두는 170℃에서 약 7분간 굽고 7~8mm 크기로
  다진다.
- 오븐은 굽기 15분 전에 오븐 팬째 210℃로 예열하기
  시작한다.

200℃
굽는 시간
17분

만드는 법

❶ 18~19쪽 「심플하게 맛있는 플레인 스콘」의 **1~3**단
계와 동일하게 반죽을 만들고, 호두와 초코칩을 더
해(사진 a) 고무 주걱으로 고루 섞는다.

❷ 「심플하게 맛있는 플레인 스콘」의 **4~7**단계와 동일
하게 만든다. 단, 약 15×12cm로 밀어 2절 접기한
후, 9×17cm로 밀고 반죽 주위를 5mm씩 잘라내 8
등분을 한다(사진 b).

❸ 오븐 팬에 타공 매트(141쪽)를 깔고 ❷를 올려 윗
면에 붓으로 우유를 바른다. 예열한 오븐을 200℃
로 낮추고 약 17분간 굽는다. 오븐에서 꺼내 식힘망
에 올려 한 김 식힌다.

a

잘 녹지 않는
타입의 초코칩을
추천!

b

잘라낸 반죽은 모아서
자그마한 사각형으로
만들어 구워도 돼요

실크처럼 부드러운 푸딩

저의 과자 레시피 중에서도 늘 높은 순위를 차지하는 인기 메뉴예요.
반죽에 생크림을 넣어서 입에 넣으면 녹아버리는 식감이랍니다.
몇 번씩 반복해서 만들면서 레시피를 업그레이드한 저의 애착 푸딩입니다.

Riche crème caramel

21

재료 (용량 90ml 내열 푸딩병 7개 분량)

캐러멜

- 그래뉴당 … 40g
- 물 … 10g
- 따뜻한 물 … 10g

푸딩액

- 전란 … 110g(2개 분량)
- 달걀노른자 … 18g(1개 분량)
- 그래뉴당 … 70g
- 바닐라빈 페이스트 … 5g
- 우유 … 400g
- 생크림(유지방 성분 42%) … 100g

advice
달걀이 차가우면 푸딩액 온도가 내려가기에 반드시 실온 상태로 준비하세요.

밑준비

- 전란과 달걀노른자는 알끈을 제거한 후, 볼에 넣어 부드럽게 풀어 흰자의 끈기를 없애고, 실온 상태로 준비한다.
- 병 7개가 들어가는 크기의 냄비(지름 약 22cm)에 물을 끓인다(찔 때는 65~70℃로 맞춘다).
- 냄비 뚜껑을 행주로 감싼다.

advice
열전도율이 높고, 물 온도가 잘 유지되는 주물 법랑 냄비를 추천합니다.

만드는 법

이 정도 색이 기준

1

캐러멜을 만든다. 작은 냄비에 그래뉴당과 물을 넣어 냄비를 기울이면서 섞고, 중간 불에 가열한다. 처음에는 하얀 거품이 생기고 서서히 갈색으로 변하면서 캐러멜 향이 나기 시작한다. 잔열로 계속 열이 가해지므로 이상적인 색이 되기 조금 전 단계에서 불을 끈다. 사진처럼 진한 갈색이 되면 끓인 물을 붓는다.

캐러멜이 튀기 때문에 화상 주의!

advice
알루미늄포일을 씌워 작은 틈 사이로 끓인 물을 붓는 것을 추천합니다. 기름 튐 방지망(다이소 등 국내에서도 쉽게 구할 수 있습니다-옮긴이)을 사용해도 됩니다.

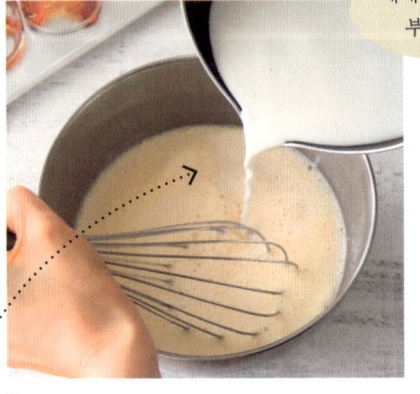

체에 거르면 식감이 부드러워져요

5

3을 거품기로 천천히 섞어주되 거품이 일지 않게 주의하면서 4를 조금씩 넣는다.

6

5를 차 거름망에 걸러 2의 병에 나눠 붓는다.

advice
한 번에 다 넣으면 달걀에 열이 가해져 익으니 소량씩!

거품을 내면 안 되는 이유

거품을 내면 기포가 생겨 익힐 때 '구멍'이 생기기 쉽습니다. 이 단계에서 되도록 천천히 넣고 섞는 게 중요해요. 6단계에서 체에 거르는 작업은 기포를 제거하는 목적도 있습니다.

2

1이 굳기 전에 병에 나눠 붓는다.

advice

바닥 전체에 고루 퍼지지 않아도 괜찮아요. 찔 때 녹기 때문에 자연스레 퍼집니다.

3

푸딩액을 만든다. 달걀액이 담긴 볼에 그래뉴당, 바닐라빈 페이스트를 넣고 곧바로 거품기로 고루 섞는다.

4

우유와 생크림을 냄비에 넣고, 내열 고무 주걱으로 계속해서 저어주면서 70℃까지 데운다.

저어주면서 데우는 이유는?

충분히 섞지 않으면 익힐 때 생크림과 우유가 2층으로 분리될 때도 있기 때문입니다. 또한 타서 눌어붙지 않게끔 계속해서 저어주어야 합니다.

행주를 까는 이유는 열이 바로 닿지 않게, 그리고 병이 움직이지 않게 하기 위해서입니다

뚜껑을 천으로 감싸면 물방울이 떨어지지 않아요

맛있게 만드는 요령

푸딩의 성공 비결은 가열할 때의 온도관리입니다. 달걀은 60~80℃에서 굳기 때문에 시작은 65~70℃로 합니다. 90℃ 이상이 되면 '구멍'이 생기기 때문에 85℃가 되면 약한 불로 끓입니다. 온도계로 재는 게 가장 좋지만 때때로 냄비 바닥에서 뽀글, 하고 기포가 떠오르는 상태가 85℃ 정도입니다.

Airio

7

물을 끓인 냄비 바닥에 행주를 깔고 6을 올린다. 65~70℃로 맞춘 물을 푸딩액이 잠기는 높이까지 붓고 중간 불보다 조금 약하게 가열한다.

8

물이 85℃가 되면 뚜껑을 덮고 약한 불에서 약 7분 가열하고, 불을 꺼 뚜껑을 덮은 채 5~7분 그대로 둔다. 시간이 지나면 냄비에서 꺼내 식히고 냉장실에서 차게 보관한다.

다 익었는지 확인하는 법!

흔들었을 때 표면에 막이 있고 전체가 흔들리면 다 익은 것. 중앙만 크게 흔들리는 경우는 조금 더 가열해야 합니다.

옛 방식 그대로! 단단한 푸딩

이 푸딩은 배합이 조금 다르고 오븐에서 찌듯이 구워 식감이 단단한 푸딩입니다.
재료는 달걀, 그래뉴당, 우유, 이 세 가지뿐이라 만들고 싶을 때 바로 만들 수 있답니다.
틀에서 쉽게 꺼내는 요령도 함께 소개할게요.

재료 (용량 150ml 내열 유리 재질 푸딩컵 3개 분량)

캐러멜

| 그래뉴당 … 20g
| 물 … 5g
| 따뜻한 물 … 5g

푸딩액

| 전란 … 110g(2개 분량)
| 그래뉴당 … 35g
| 바닐라빈 페이스트 … 3g
| 우유 … 210g

밑준비

• 볼에 알끈을 제거한 전란을 넣은 후 부드럽게 풀어 흰자의 끈기를 없애고, 실온 상태로 준비한다.

• 푸딩컵 안쪽에 실온에 두어 부드러워진 버터(무염·분량 외)를 얇게 바른다.

• 구울 때 필요한 물을 끓인다.

• 오븐은 굽기 15분 전에 오븐 팬째 160℃로 예열하기 시작한다.

advice

> 달걀이 차가우면 푸딩액의 온도가 내려가니 반드시 실온 상태로 준비하세요.

만드는 법

❶ 22~23쪽 「실크처럼 부드러운 푸딩」의 1~2단계와 동일하게 캐러멜을 만들고 푸딩컵에 나눠 붓는다.

❷ 푸딩액을 만든다. 전란이 담긴 볼에 그래뉴당, 바닐라빈 페이스트를 넣고 곧바로 거품기로 고루 섞는다.

❸ 냄비에 우유를 넣고 내열 고무 주걱으로 계속해서 저어주면서 60℃까지 데운다.

❹ 「실크처럼 부드러운 푸딩」의 5~6단계와 동일하게 ❸을 ❷의 볼에 넣고 차 거름망에 걸러 ❶의 병에 나눠 붓는다.

❺ 20cm 정사각틀에 행주를 깔고 ❹를 올려 65~70℃로 데운 따뜻한 물을 붓는다(사진).

❻ 예열한 오븐을 150℃로 낮추고 ❺를 넣어 약 25~30분 중탕 굽기를 한다. 다 익었는지 확인하는 법은 23쪽 「실크처럼 부드러운 푸딩」과 같다. 정사각틀에서 꺼내 식히고 냉장실에 넣어 차게 보관한다.

> 따뜻한 물의 양은 푸딩컵 높이 절반 정도를 기준으로 삼으면 됩니다

advice

> 정사각틀이 없다면 행주를 깐 오븐 팬에 컵을 올리고 오븐에 넣자마자 바로 따뜻한 물을 부어서 구워주세요. 굽는 도중에 물이 줄어들면 끓인 물을 추가로 넣어주세요.

푸딩을 잘 꺼내는 요령

찬물에 적신 숟가락 등으로 푸딩 가장자리를 한 바퀴 가볍게 눌러주고(사진 왼쪽), 숟가락 뒷면으로 한 곳을 깊게 찔러 공기를 넣어줍니다. 푸딩컵에 접시를 덮고 접시째 거꾸로 돌려 양손으로 꽉 잡은 채(사진 오른쪽), 체중을 실어 왼쪽에서 오른쪽으로 힘껏 흔들고(원심력으로 틀과 푸딩 사이에 좀 더 틈이 생긴다. 방향은 반대도 가능), 푸딩이 접시에 내려앉으면 **푸딩컵을 빼주세요.**

고소한 풍미 피낭시에

태운 버터의 짙은 풍미와 아몬드의 고소한 여운이 길게 남는 구움과자.
맛도 물론 있지만, 과자를 만들다 보면 절로 남게 되는 달걀흰자를
요긴하게 활용할 수 있어 그 행복이 배가되는 레시피입니다.
다양한 맛의 피낭시에를 골고루 채워 소중한 사람에게 선물해보세요.

Plaine financier

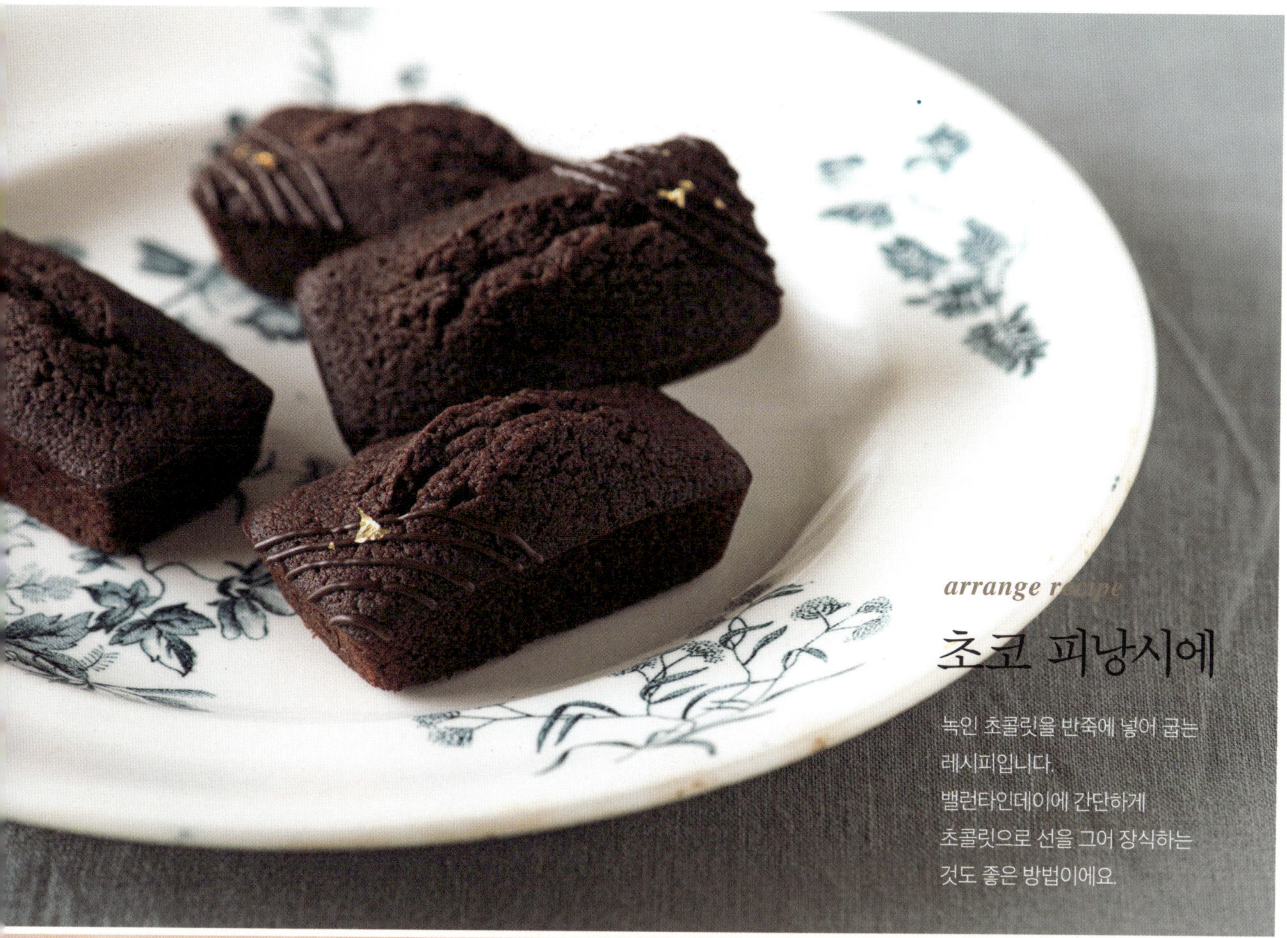

arrange recipe

초코 피낭시에

녹인 초콜릿을 반죽에 넣어 굽는 레시피입니다.
밸런타인데이에 간단하게 초콜릿으로 선을 그어 장식하는 것도 좋은 방법이에요.

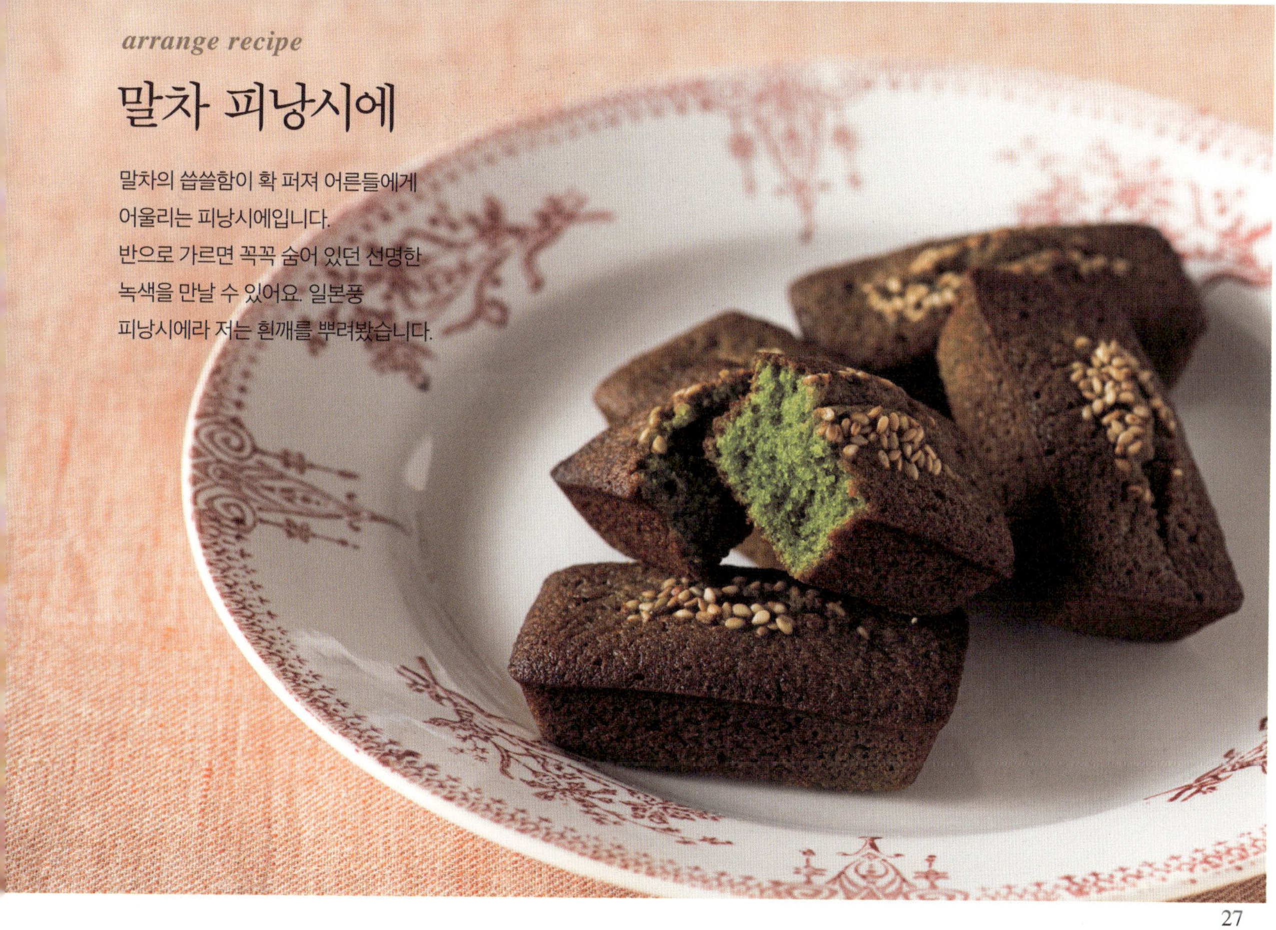

arrange recipe

말차 피낭시에

말차의 씁쓸함이 확 퍼져 어른들에게 어울리는 피낭시에입니다.
반으로 가르면 꼭꼭 숨어 있던 선명한 녹색을 만날 수 있어요. 일본풍 피낭시에라 저는 흰깨를 뿌려봤습니다.

고소한 풍미 피낭시에

재료 (7×3.5cm 크기 9개 분량)

달걀흰자 … 65g

벌꿀 … 14g

그래뉴당 … 50g

소금 … 약간

A │ 아몬드가루 … 35g
　│ 박력분 … 25g
　│ 베이킹파우더 … 1g

버터(무염) … 65g

아몬드 슬라이스 … 적당량

밑준비

- 달걀흰자는 실온 상태로 준비한다.
- A는 합쳐 체로 친다.
- 틀 안쪽에 실온 상태인 부드러운
  버터(무염·분량 외)를 바른다.
- 아몬드 슬라이스는 160℃에서 약 6분간
  굽는다.
- 오븐은 굽기 15분 전에 오븐 팬째 200℃로
  예열하기 시작한다.

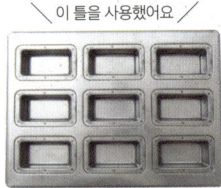

\ 이 틀을 사용했어요 /

마츠나가 제작소 실버 슬림 피낭시에틀 9P
1구당 안쪽 치수: 밑면 6×3cm, 윗면 7×3.5cm, 높이 2cm, 9구짜리

만드는 법

1

태운 버터를 만든다. 냄비에 버터를 넣고 중간 불로
끓이며 내열 고무 주걱으로 계속 저어주면서 녹인다.
처음에는 큰 거품이 일지만 점점 작고 크리미한 거품
으로 변하면서 색이 진해진다.

advice

> 가장자리 부분은 온도가 내려가기 때문에
> 고무 주걱으로 계속 저어서 균일하게 열이
> 가해지게끔 합시다.

5

2의 태운 버터를 4에 넣고 섞는다.

6

반죽을 짤주머니(깍지 필요 없
음)에 넣고 틀에 균등하게 채
운다.

advice

> 저는 반죽 총량을 재서 1개 분량의 무게를
> 계산한 후 틀을 저울에 올려 반죽을 균등하
> 게 채웁니다. 동일한 크기로 굽고 싶은 분은
> 이 방법을 써보세요.

잔열로 타지 않게끔 냄비 바닥을 찬물에 담급니다

거품 내지 말 것! 고루 섞어만 주세요

2

연갈색이 되면 불을 끄고 냄비 바닥을 찬물을 받은 프라이팬(또는 볼)에 담가 약 50℃로 유지한다.

3

볼에 달걀흰자와 벌꿀, 그래뉴당, 소금을 넣고 중탕하면서 약 40℃로 데운 후 달걀흰자의 끈기를 없애듯이 거품기로 가볍게 섞는다.

4

가루류(A)를 한 번 더 체를 치면서 넣고 고루 섞는다.

50℃로 유지하는 이유는?

유지하지 않고 그대로 온도가 내려가게 두면 버터가 걸쭉해지거나 굳기 때문입니다. 50℃ 전후로 유지하면 **5**단계에서 반죽과 잘 섞인답니다.

190℃
굽는 시간
11분

7

반죽 위에 아몬드를 뿌린다. 예열한 오븐을 190℃로 낮추고 **6**을 넣어 약 11분간 굽는다.

8

틀에서 꺼내 식힘망 위에 올려 한 김 식힌다.

틀에 넣어둔 채로 식히면 안 된다

피낭시에는 촉촉한 식감이 특징입니다. 틀에 넣어둔 채로 방치하면 잔열로 반죽 속 수분이 빠져나가므로 다 구워지면 틀에서 꺼내 식힘망에 올려 식혀주세요.

맛있게 만드는 요령

피낭시에의 맛을 결정하는 것은 바로 태운 버터. 버터를 태우면 풍미가 깊어져 감칠맛도 배가됩니다. 얼마만큼 태워야 할지 가늠하기 어렵다면 조금 이른 단계에서 불을 끄고 잔열로 색이 진해지는 것을 확인하면서 조절하면 과하게 태워 실패할 확률을 줄일 수 있습니다. 저는 마츠나가 제작소 틀을 애용합니다. 열전도율이 높을 뿐만 아니라 실리콘 가공이 되어 있어 결과물이 매끈하게 구워지고 틀에서도 쉽게 분리되기에 추천합니다.

Airio

초코 피낭시에

재료 (7×3.5cm 크기 9개 분량)

달걀흰자 … 65g

벌꿀 … 7g

그래뉴당 … 38g

소금 … 약간

제과용 커버추어 다크초콜릿 … 22g

A | 아몬드가루 … 35g
  | 박력분 … 18g
  | 코코아파우더(무가당) … 7g
  | 베이킹파우더 … 1g

버터(무염) … 65g

코팅용 다크초콜릿 … 10g

금박(있다면) … 적당량

밑준비

• 달걀흰자는 실온 상태로 준비한다.

• A는 합쳐 체로 친다.

• 틀 안쪽에 실온 상태인 부드러운 버터(무염·분량 외)를 바른다.

• 오븐은 굽기 15분 전에 오븐 팬째 200℃로 예열하기 시작한다.

말차 피낭시에

재료 (7×3.5cm 크기 9개 분량)

달걀흰자 … 65g

벌꿀 … 14g

그래뉴당 … 50g

소금 … 약간

A | 아몬드가루 … 35g
  | 박력분 … 21g
  | 말차파우더 … 4g
  | 베이킹파우더 … 1g

버터(무염) … 65g

볶은 흰깨 … 적당량

밑준비

위 「초코 피낭시에」와 동일하게 준비한다.

190℃ 굽는 시간 11분

만드는 법

❶ 제과용 초콜릿을 중탕으로 녹인다.

❷ 28~29쪽 「고소한 풍미 피낭시에」의 1~2단계와 동일하게 태운 버터를 만들고 약 50℃로 유지한다.

❸ 볼에 달걀흰자와 벌꿀, 그래뉴당, 소금을 넣고 중탕하면서 약 40℃로 데워, 달걀흰자의 끈기를 없애듯이 거품기로 가볍게 섞은 후 ①을 더해(사진) 계속해서 섞는다.

❹ 「고소한 풍미 피낭시에」의 4~6단계와 동일하게 가루류(A)와 ②를 더해 섞고, 틀에 균등하게 채운다.

❺ 예열한 오븐을 190℃로 낮추고 ④를 넣어 약 11분간 굽는다. 다 구워지면 틀에서 꺼내 식힘망 위에 올려 한 김 식힌다.

❻ 코팅용 초콜릿을 중탕으로 녹여 코르네에 넣는다. 식은 ⑤의 피낭시에에 초콜릿을 사선으로 긋고 초콜릿이 굳기 전에 금박을 장식해 냉장실에 10~15분 넣어 차게 굳힌다.

맛있게 만드는 요령

코코아파우더는 덩어리지기 쉬우니 차 거름망에 한 번 거른 후 나머지 A 재료와 합쳐 체 치면 뭉칠 걱정이 없답니다. 아래의 「말차 피낭시에」의 말차파우더도 마찬가지입니다.

Airio

190℃ 굽는 시간 11분

만드는 법

❶ 28~29쪽 「고소한 풍미 피낭시에」의 1~6단계와 동일하게 반죽을 만든 후 틀에 균등하게 채우고 전체에 깨를 뿌린다(사진).

❷ 예열한 오븐을 190℃로 낮추고 ①을 넣어 약 11분간 굽는다. 다 구워지면 틀에서 꺼내 식힘망 위에 올려 한 김 식힌다.

벌꿀 마들렌

반죽에 벌꿀을 듬뿍 넣으면 노릇노릇 구움색도 예쁘게 나고
촉촉한 식감이 오래도록 유지됩니다. 레몬 껍질로 싱그러운
산미도 더했더니 아이부터 어른까지 모두가 좋아할 만한
맛으로 완성되었어요.

Madeleine au miel

재료 (5×7.5cm 크기 8개 분량)

전란 … 50g

그래뉴당 … 20g

벌꿀 … 30g

소금 … 약간

A ┃ 박력분 … 40g

┃ 아몬드가루 … 10g

┃ 베이킹파우더 … 1.5g

버터(무염) … 50g

레몬 껍질 간 것 … 1/2개 분량

밑준비

• 전란은 실온 상태로 준비한다.

• A는 합쳐 체로 친다.

• 버터는 중탕으로 녹이고, 사용하기
  직전까지 약 50℃로 유지한다.

• 틀 안쪽에 실온 상태인 부드러운
  버터(무염·분량 외)를 바른다.

• 오븐은 굽기 15분 전에 오븐 팬째 200℃로
  예열하기 시작한다.

이 틀을 사용했어요

마츠나가 제작소 실버 마들렌틀 8P

1구당 안쪽 치수: 5cm×7.5cm×높이 1.4cm, 8구짜리

만드는 법

끈기가 약해질
때까지 잘 섞는다

1

볼에 전란을 넣고 거품기로 푼 후 그래뉴당, 벌꿀, 소금을 넣어 잘 섞는다.

2

가루류(A)를 한 번 더 체를 치면서 넣고 날가루가 보이지 않을 때까지 섞는다.

4

레몬 껍질을 넣고 볼에 비닐 랩을 씌워 냉장실에서 1시간 휴지한다.

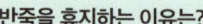

반죽을 휴지하는 이유는?

박력분을 넣고 섞으면 글루텐이 생기는데 휴지 없이 곧바로 구우면 볼륨감 없이 조밀하고 묵직하게 완성됩니다. 반대로 얼마간 휴지하면 글루텐이 안정되어 반죽이 매끄러워져서 가볍고 폭신한 식감으로 구워진답니다.

190℃
굽는 시간
11분

5

반죽을 짤주머니(깍지 필요 없음)에 넣어 틀에 균등하게 채운다. 예열한 오븐을 190℃로 낮추고 약 11분간 굽는다.

3

따뜻한 버터를 조금씩 넣어가며
고루 섞는다.

50℃로 유지하는 이유는?

녹인 버터는 온도가 내려가면
점성이 생겨 반죽과 잘 섞이지
않게 됩니다. 반죽에 잘 스며들
게끔 50℃ 전후인 부드러운 액
체 상태를 유지합시다.

6

중앙이 볼록 부풀어 오르고 노릇
하게 구움색이 나면 완성. 틀에서
꺼내 식힘망에 올려 한 김 식힌다.

---

arrange recipe

캐러멜 마들렌

한입 베어 먹으면 쌉싸래한 캐러멜 풍미가 입안을 가득 채웁니다.
사선으로 초콜릿을 입히면 특별한 느낌을 줄 수 있어요.

재료 (5×7.5cm 크기 8개 분량)

전란 … 50g	**캐러멜 크림**
그래뉴당 … 30g	그래뉴당 … 12g
벌꿀 … 10g	물 … 4g
A 박력분 … 40g	소금 … 약간
아몬드가루 … 10g	생크림(유지방 성분 35~42%) … 24g
베이킹파우더 … 1.5g	
버터(무염) … 50g	

밑준비

32쪽 「**벌꿀 마들렌**」과 동일하게 준비한 후, 생크림을
전자레인지(600W)에서 약 15초간 가열한다.

190℃
굽는 시간
11분

만드는 법

❶ 61쪽을 참조해서 캐러멜 크림을 만들고, 25~30℃까지 식힌다.

❷ 「**벌꿀 마들렌**」의 **1~3단계**와 동일하게 반죽을 만들되, **1**단계 이후 ①을
더해 섞는다(①이 딱딱할 경우 전자레인지에 넣어 살짝 데운다). 냉장실에서 1시간
휴지한다.

❸ 반죽을 짤주머니(깍지 필요 없음)에 넣어 틀에 균등하게 채우고, 예열한 오
븐을 190℃로 낮추고 약 11분간 굽는다. 틀에서 꺼내 한 김 식힌다. 초콜릿
을 묻히거나 잘게 다진 견과류를 뿌리는 등, 취향에 따라 장식해도 귀엽다.

바닐라 파운드케이크

버터의 풍미와 보슬보슬 가벼운 식감 덕분에
두고두고 꺼내 먹고 싶어지는 대표적인 케이크.
성공하는 비결은 버터에 공기를 가득 넣는 것과
달걀을 고루 섞어 반죽에 확실히 유화시키는 것.
이 부분만 신경 쓰면 감동적인 결과물이 완성됩니다.

재료 (16cm×6.5cm×높이 6cm 파운드틀 1개 분량)

버터(무염) … 65g

그래뉴당 … 54g

바닐라빈 페이스트 … 5g

전란 … 65g

A │ 박력분 … 52g
　 │ 아몬드가루 … 13g
　 │ 베이킹파우더 … 1.3g

밑준비

- 버터와 전란은 실온 상태로 준비한다.
- A는 합쳐 체로 친다.
- 틀에 유산지(또는 테프론시트)를 깐다(아래 참조).
- 오븐은 굽기 15분 전에 오븐 팬째 180℃로 예열하기
  시작한다.

advice

손가락이 쑥 들어가는 정도
가 기준(온도는 20~23℃).

유산지 까는 법

유산지는 틀에 깔았을 때
틀에서 1cm쯤 위로 올라오
는 크기로 준비하세요. 그
림처럼 가위집을 내고, 좌
우로 접어 틀에 깝니다. 튀
어나오는 부분(빗금)을 잘라
내면 더 쉽게 모양을 잡을
수 있어요.

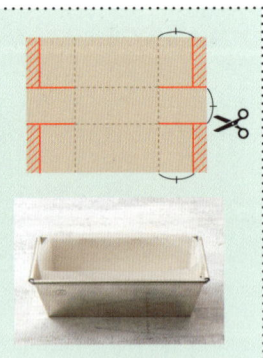

이 틀을 사용했어요

마츠나가 제작소 양철 파운드 S
안쪽 치수: 밑면 14.5×5cm, 윗면 16×6.5cm,
높이 6cm

하루 두었다 먹으면 반죽이 어우러지고
촉촉해져 더욱 맛있어집니다.
4~5일 동안 두고 먹어도 되기에
선물하기 좋답니다.

Airio

Vanilla pound cake

만드는 법

버터에 공기를 가득 넣어주세요!

유분과 수분이 섞여 유화된 상태

1

볼에 버터와 그래뉴당을 넣고 고무 주걱으로 부드럽게 풀어 크림 상태로 만든다. 핸드믹서로 바꿔 중속~고속에 맞춰 뽀얗게 될 때까지 섞고, 바닐라빈 페이스트를 더해 섞는다.

2

전란을 푼 후 10회 정도로 나누어 넣고 그때마다 핸드믹서로 고루 섞어 유화시킨다.

advice

반드시 버터와 달걀이 고루 섞인 후에 달걀을 추가로 넣을 것.

> **달걀을 나누어 넣는 이유는…**
> 유분과 수분은 잘 섞이지 않기 때문에 달걀 양이 많으면 분리되고 맙니다. 이 상태에서 작업을 진행하면 잘 부풀지 않을뿐더러 식감도 나빠집니다. 달걀은 소량씩 넣고, 그때마다 잘 섞어 유화시키는 것이 중요합니다.

반죽 속에 기포가 남아 있으면 고르게 익지 않고 구멍이 생겨요

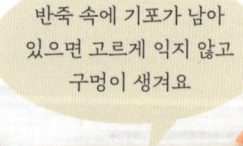

170℃
굽는 시간
35분

작업은 재빠르게!

6

틀을 들어 올려 작업대 바닥에 몇 회 가볍게 쳐서 공기를 뺀다.

7

예열한 오븐을 170℃로 낮추고 6을 넣어 약 35분간 굽는다. 12분 정도 지나면 꺼내서 한가운데에 긴 방향으로 얕은 칼집 한 줄을 넣고 계속해서 굽는다.

> **칼집을 넣는 이유는?**
> 반죽 속에 증기가 빠져나갈 길이 생겨 중앙이 예쁘게 갈라져 더욱 근사하게 완성됩니다. 자연스레 갈라질 때도 있으니 칼집을 무리해서 넣지 않아도 됩니다.

고무 주걱 방향과
반대 방향으로 볼을
돌리는 것이 요령

3

가루류(A)를 한 번 더 체를 치면서 넣고 처음에는 고무 주걱으로 가르듯이 섞어준다.

advice

버터 속에 가루류를 분산시키는 느낌으로 섞습니다.

4

가루류가 어느 정도 섞이면 다음은 바닥에서 반죽을 퍼 올려 뒤집듯이 섞는다. 날가루가 보이지 않게 되면 40회 정도 더 섞어 매끄러운 상태로 만든다.

advice

날가루가 보이지 않게 되고 광택이 돌면 반죽 완성.

5

반죽을 틀에 담고 표면을 고르게 정돈한다.

advice

유산지가 겹치는 부분에 반죽을 소량 바르면 고정이 되어서 반죽을 담을 때 편해요. 반죽을 다 담은 후 반죽을 양 끝으로 끌어 올려 오목한 모양으로 만들 필요는 없습니다. 결과물에 영향을 끼치지 않기 때문이에요.

완전히 차가워졌을 때가
아니라 따뜻한 상태에서
랩으로 싸서 보관하세요

8

나무 꼬치로 찔러 잘 익었는지 확인한다. 반죽 중앙부 중에서도 되도록 찐 표시가 덜 나는 곳에 나무 꼬치를 깊이 찌른다. 반죽이 묻어나오지 않으면 다 구워진 것.

9

틀을 약 10cm 높이로 들어 올려 작업대 바닥에 떨어뜨려 틀 속의 뜨거운 증기를 뺀다. 틀에서 꺼내 식힘망 위에 올려 한 김 식힌다.

케이크를 식힐 때는…

바닥을 제외한 나머지 부분의 유산지를 벗깁니다. 갓 구웠을 때의 반죽은 부드러워서, 바닥을 벗기면 식힘망에 달라붙거나 식힘망 자국이 남기도 하기에 바닥은 그대로 남겨둡니다.

버터 이야기

버터는 20~23℃에서 공기를 머금기 가장 좋은 상태가 되므로, 이 온도로 작업하면 폭신하게 부풉니다. 겨울철 등, 버터가 부드러워지지 않을 때는 오븐의 발효 기능을 활용하면 편리해요. 30℃로 설정한 오븐에 20~30분 넣어두고 종종 상태를 확인해보세요. 반대로 기온이 25℃를 넘을 때는 버터가 녹아버리니 버터 온도가 18℃쯤 되었을 때 작업을 시작하는 게 좋습니다.

Airio

초코 마블
파운드케이크

마블 무늬를 내기 위해 두 종류의 반죽을
섞는 움직임은 최소한으로.
고무 주걱을 움직이는 횟수는 단 3회!

재료 (16cm×6.5cm×높이 6cm 파운드틀 1개 분량)

버터(무염) … 65g

그래뉴당 … 54g

전란 … 65g

A │ 박력분 … 52g
  │ 아몬드가루 … 13g
  │ 베이킹파우더 … 1.3g

제과용 커버추어 다크초콜릿 … 20g

밑준비

34쪽 「바닐라 파운드케이크」와
동일하게 준비한다.

170℃
굽는 시간
35분

만드는 법

❶ 초콜릿을 중탕으로 녹이고, 25~27℃로 유지한다.

❷ 36~37쪽 「바닐라 파운드케이크」의 **1~4단계**와 동일하게 플레인 반죽
을 만든다.

❸ 초콜릿 반죽을 만든다. ❷의 반죽 60g을 덜어내 ❶에 넣은 후 고루
섞는다.

❹ ❸의 초콜릿 반죽을 대략 6등분으로 나눠 ❷의 반죽 위에 간격을
두고 올린다.

❺ 가장자리 초콜릿 반죽에 고무 주걱을 찔러 넣어 앞쪽으로 당긴다(사
진 a). 동일한 작업을 2회 진행한다(총 3회/사진 b).

❻ ❺의 반죽을 퍼 올려 틀에 떨어뜨리듯이 넣고, 표면을 고르게 정돈
한다. 틀을 들어 올려 작업대 바닥에 몇 회 가볍게 쳐서 공기를 뺀다.

❼ 「바닐라 파운드케이크」의 **7~9단계**와 동일하게 170℃ 오븐에 넣어 약
35분간 굽는다. 틀에서 꺼내 식힘망 위에 올려 한 김 식힌다.

초콜릿 반죽을
이어나가듯이 고무
주걱을 당긴다

a

b

과하게 섞지 않도록
주의!

비밀로 해두고 싶은
치즈 케이크

스팀 효과로 촉촉하게 구워낸 농밀한 풍미의 치즈 케이크.
커피는 물론, 와인과도 잘 어울립니다.
사실은 비밀로 해두고 싶을 만큼 소중한 저의
애착 레시피랍니다.

Baked cheesecake

재료 (지름 12cm 일체형 원형틀 1개 분량)

시트
- 시판 쿠키 … 60g
- 버터(무염) … 20g

치즈 반죽
- 크림치즈 … 200g
- 그래뉴당 … 60g
- 버터(무염) … 16g
- 바닐라빈 페이스트 … 5g
- 전란 … 90g
- 생크림(유지방 성분 42%) … 80g
- 콘스타치 … 10g
- 레몬즙 … 8g

밑준비
- 시트용과 치즈 반죽용의 버터는 실온 상태로 준비한다.
- 전란은 실온 상태로 준비한다.
- 틀 바닥과 측면에 테프론시트(또는 유산지)를 깐다.
- 중탕으로 쓸 물을 끓인다.
- 오븐은 굽기 15분 전에 오븐 팬째 210℃로 예열하기 시작한다.

\ 이 틀을 사용했어요 /

얼스터 일체형 원형틀 12cm
안쪽 치수: 지름 12cm×높이 6cm

만드는 법

> 바삭바삭한 식감을 선호한다면 굵게 부숴주세요

1

시트를 만든다. 도톰한 비닐봉지에 쿠키를 넣어 봉지 위에서 밀대로 두드려 잘게 부수고, 버터를 넣어 봉지 속에서 섞는다.

> 밀대 끝부분을 비닐 랩으로 감싸면 설거지를 하지 않아도 돼요

2

틀에 **1**을 넣고 펼쳐 밀대 끝부분으로 꾹꾹 눌러가며 균일하게 채운다. 냉장실에 넣어 사용하기 직전까지 차게 보관한다.

시트를 차게 만드는 이유
냉장실에 넣어두면 쿠키에 섞은 버터가 굳어져 잘 부서지지 않게 됩니다.

> 체에 거르면 부드러운 식감이 됩니다

6

찬 거름망으로 거른다. 레몬즙을 넣고 고루 섞은 후 **2**의 틀에 붓는다.

advice

레몬즙을 넣으면 되직해져 거르기 어려워지니 반드시 거른 후 레몬즙을 넣을 것.

> 200℃
> 굽는 시간
> **35분**

7

20cm 정사각틀에 행주를 깔고 **6**을 올린 후 약 2cm 높이까지 뜨거운 물을 붓는다. 예열한 오븐을 200℃로 낮추고 정사각틀째 넣어 약 35분간 굽는다.

3

치즈 반죽을 만든다. 내열 볼에 크림치즈를 담아 비닐 랩을 씌우고 전자레인지(600W)에서 약 50초간 가열한다. 거품기로 섞어 크림 상태로 만든 후 그래뉴당, 버터, 바닐라빈 페이스트를 더해 고루 섞는다.

4

푼 전란을 2~3회로 나누어 넣고 그때마다 고루 섞는다.

5

생크림을 더해 섞은 후 콘스타치도 넣어 섞는다.

> **일체형 틀을 추천**
> 따뜻한 물을 부어 굽기 때문에 일체형 틀을 사용하는 것이 좋지만, 바닥 분리형(또는 중탕에 적절하지 않은 재질의 틀)을 사용한다면 알루미늄포일로 바닥을 이중으로 감싼 후 사용하세요.

> 틀에서 꺼내는 건 냉장실에 넣어 하룻밤 식힌 후!

8

오븐에서 꺼내 틀째 식힌다. 식으면 비닐 랩을 여유 있게 씌우고 틀째 냉장실에서 하룻밤 식힌다.

advice

> 정사각틀이 없다면 행주를 깐 오븐팬에 올리고 오븐에 넣자마자 바로 따뜻한 물을 부어서 구워주세요. 굽는 도중에 물이 줄어들면 끓인 물을 추가로 넣어주세요.

> **맛있게 먹는 요령**
> 구운 당일은 부드러워서
> 자르기 어렵습니다.
> 하룻밤 냉장실에 넣어두면 반죽이 안정되어
> 자르기도 쉽고, 맛도 한층 더 농후해집니다.
> 틀에서 꺼낼 때는 윗면에 두른 비닐 랩 위로
> 손을 얹어 틀째 거꾸로 뒤집습니다.
> 잘 분리되지 않는다면 틀 바닥을
> 가스 불로 데워주세요.
>
> *Airio*

Assorted cookies in a tin

선물하기 좋은
쿠키 틴 세트 만들기

보기만 해도 귀여운 쿠키 틴 세트!
직접 만들어보고 싶어도 몇 종류를 한꺼번에 만드는 것은 좀 버겁지요.
그런 고민을 해결하는 방법을 고안했어요!
바로 하나의 반죽으로 두 종류의 쿠키를 굽는 것(아래 참조).
사블레와 짜는 쿠키, 이 두 가지 반죽을 완성하면 총 네 종류가 완성됩니다!
여력이 있다면 맛도 인상도 다른 말차 랑그드샤도 넣어보세요.
박력분은 보슬보슬 가벼운 식감으로 구워지는 에크리튀르(138쪽)를 추천합니다.

단 두 가지 반죽으로
귀여운 쿠키 틴 세트 완성!

하나의 반죽으로 두 종류의 쿠키를 만든다!

사블레 반죽

반죽을 둘로 나누어
맛을 바꾼다

홍차 찻잎

플레인

홍차

짜는 쿠키 반죽

데커레이션으로
변화를 준다

잼을 짠다

초코 코팅

잼

초코 넛츠

하나의 반죽으로 두 종류의 쿠키 만들기!

사블레 2종 (플레인/홍차)

재료 (지름 약 3cm 크기 20~22개 분량)

버터(무염) … 50g

슈거파우더 … 35g

소금 … 약간

달걀노른자 … 10g

A | 박력분(에크리튀르) … 80g
  | 아몬드가루 … 20g

홍차 찻잎(얼그레이·분쇄 타입) … 1g

그래뉴당 … 적당량

advice

버터는 손가락이 쑥 들어가는 정도가 기준(온도는 20~23℃).

밑준비

• 버터와 달걀노른자는 실온 상태로 준비한다.

• A는 합쳐 체로 친다.

• 오븐은 굽기 15분 전에 180℃로 예열하기 시작한다.

만드는 법

버터에 공기를 가득 넣어야 가벼운 식감으로 완성됩니다

1

볼에 버터, 슈거파우더, 소금을 넣고 고무주걱으로 부드럽게 풀어 크림 상태로 만든다. 핸드믹서로 바꿔 중속~고속에 맞춰 뽀얗게 될 때까지 섞는다.

2

달걀노른자를 넣고 계속해서 잘 섞는다.

바트 바닥을 대고 데굴데굴

자를 사용해도 됩니다!

6

작업대에 올린 다음 손바닥으로 굴려 지름 3cm 정도의 막대 모양으로 만든 후, 반죽 위에 바트 바닥을 대고 굴린다. 폭 10cm, 길이 20cm의 유산지로 감싸 스크레이퍼로 바싹 당기듯이 눌러서 모양을 다듬는다. 유산지째 냉장실에서 1시간 이상 휴지한다.

> **바트로 굴리는 이유는?**
>
> 바트로 굴리면 두께가 균일해지고, 손가락 자국이 남지 않습니다. 마지막에 폭 10cm인 유산지로 감싼 후 스크레이퍼로 모양을 다듬으면 항상 일정한 크기로 맞출 수 있습니다.

╲ 이 찻잎을 사용했어요 ╱

cotta 얼그레이(분쇄 타입)

찻잎이 잘게 부서져 있어 부수는 공정 없이 바로 사용할 수 있어 편리해요. 일반적인 찻잎을 사용할 때는 칼로 잘게 자르거나, 절구 등으로 잘게 빻아주세요. (용량 50g)

쿠키 틴 세트에 다양한 종류의 쿠키가 들어가기에 쿠키 크기를 작게 성형했습니다.
또한 반죽량도 적은 레시피입니다. 반죽은 막대 모양으로 성형한 상태(6단계 완료 상태)에서
냉동할 수 있으니 레시피 분량의 두 배로 만들어 저장해두어도 좋아요.

3

가루류(A)를 한 번 더 체를 치면서 넣고 처음에는 고무 주걱으로 가르듯이 섞어준다. 날가루가 보이지 않으면 된다.

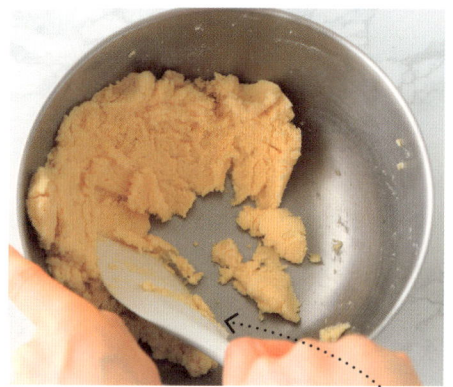

4

한 덩어리로 뭉쳐지면 볼에 누르듯이 미는 느낌으로 섞어 반죽 전체가 덩어리 없이 매끈해지게끔 만든다.

advice

누르듯이 미는 작업은 10회 이내로! 지나치게 오래 섞으면 반죽이 딱딱한 식감으로 구워집니다.

5

반죽을 반으로 나누어 한쪽에는 홍차 찻잎을 더해 섞는다. 플레인 반죽과 홍차 반죽 완성.

비닐봉지를 사용하면 뒷정리가 간편!

7

크기가 작은 비닐봉지에 그래뉴당을 넣는다. 반죽을 감싼 유산지를 벗겨 물을 적신 붓으로 표면을 적신 후 봉투에 넣어 그래뉴당을 묻힌다.

170℃
굽는 시간
20분

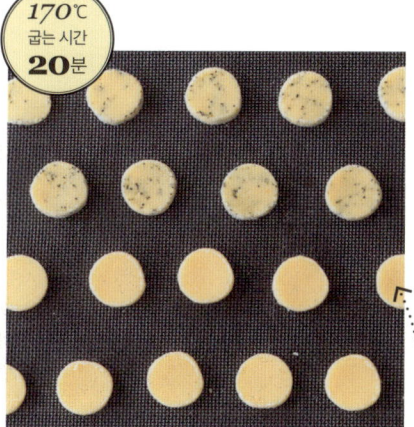

8

오븐 팬에 타공 매트(141쪽)를 깔고 **7**을 8mm 두께로 잘라 올린다. 예열한 오븐을 170℃로 낮추고 약 20분간 굽는다. 오븐에서 꺼내 식힘망 위에 올려 한 김 식힌다.

advice

자른 후에 반죽이 녹아 부드러워지면 잠깐 냉장고에 넣어 차게 굳혀서 구우세요. 그러면 예쁘게 구워진답니다.

응용법

다양하게 장식해 종류를 늘리는 방법도 있습니다.
플레인 사블레에 초콜릿을 묻힌 후(묻히는 범위나 초콜릿 종류는 취향에 따라) 굳으면 그 위에 초콜릿으로 선을 그어 견과류나 딸기 건과일을 장식합니다.
또한 여기서는 플레인 반죽이 베이스지만, 코코아 반죽을 만들고 싶다면 아몬드가루 대신 코코아파우더(무가당) 14g을 넣어주세요.
굽는 온도와 시간은 동일합니다.

Airio

하나의 반죽으로 두 종류의 쿠키 만들기!

짜는 쿠키 2종 (잼/초코 넛츠)

재료 (지름 약 3cm 크기 30개 분량)

버터(무염) … 50g

슈거파우더 … 25g

소금 … 약간

전란 … 10g

A ┌ 박력분(에크리튀르) … 60g
  └ 아몬드가루 … 10g

딸기잼 … 20g

코팅용 다크초콜릿 … 40g

아몬드 분태 … 적당량

* 딸기잼은 아오하타55를 사용했습니다. 다른 잼을
사용할 경우, 상품에 따라 수분량이 달라지므로
결과물이 어느 정도 차이가 날 수도 있습니다.

밑준비

• 버터와 전란은 실온 상태로 준비한다.

• A는 합쳐 체로 친다.

• 짤주머니에 8발 별 깍지(8-6)를 끼운다.

• 아몬드 분태는 160℃에서 약 6분간 굽는다.

• 오븐은 굽기 15분 전에 180℃로 예열하기
시작한다.

만드는 법

버터에 공기를 가득
넣어야 가벼운 식감으로
완성됩니다

1

내열 용기에 잼을 담고 비닐 랩을 씌우지
않은 채 전자레인지(600W)에서 약 1분 20초
간 가열한다. 따뜻할 때 코르네에 담는다.

advice

가열 전에 용기째 무게를 재고 가열
후에 수분이 약 8g 빠지는 게 기준.

2

볼에 버터, 슈거파우더, 소금
을 넣고 고무 주걱으로 부드
럽게 풀어 크림 상태로 만든
다. 핸드믹서로 바꿔 중속~
고속에 맞춰 뽀얗게 될 때까
지 섞는다.

끊어지지 않게끔 짠다

6

오븐 팬에 실리콘 패드(또는 테프론시트)를 깐다. **5**의 반죽을 짤주머니
에 넣어 깍지가 수직이 되도록 잡고 중앙에서 시계방향으로 한 바
퀴 빙 돌리며 짠다. 크기는 지름 약 3cm가 적당하다.

* 알아보기 쉽도록 배경을 타공 매트로 바꿔 찍었습니다.

응용법

코코아 반죽을 만들고 싶다면
아몬드가루 대신 코코아파우더(무가당)
7g을 넣어주세요.
굽는 온도와 시간은 동일합니다.

Airio

> **반죽이 녹으면 냉장실에서 차게 굳힌다**
> 반죽을 다 짠 후에 반죽이 부드러워져 처지면 냉장실(또는 냉동실)에 넣
> 어 차게 굳힌 후에 구우면 주름이 또렷해져 예쁜 형태로 구워집니다.

베이스가 되는 기본 반죽은 똑같고 꾸미는 방법만 바꿔 두 종류로 완성했습니다.
잼은 그대로 짜면 흘러내리기 때문에 간단한 공정을 추가했어요. 그건 바로 굽는 도중에
꺼내 짜는 것(다시 오븐에 넣어 계속 굽습니다)! 초콜릿 코팅은 반드시 쿠키가 다 식은 후에 작업해주세요.

3
풀어둔 전란을 넣고 계속해서 잘 섞는다.

4
가루류(A)를 한 번 더 체를 치면서 넣고 처음에는 고무 주걱으로 가르듯이 섞어준다.

> 누르듯이 미는 작업은 10회 이내로!

5
날가루가 보이지 않으면 볼에 누르듯이 미는 느낌으로 섞어 반죽 전체가 덩어리 없이 매끈해지게끔 만든다.

advice

> 잼을 짜는 동안 오븐은 '켜둔' 상태로!
> 이후에 오븐에 다시 넣어 구워야 하니 170℃를 유지합니다.

170℃
굽는 시간 20분

7
예열한 오븐을 170℃로 낮추고 6을 넣어 약 20분간 굽는다. 15분이 지나면 오븐에서 꺼내 쿠키 절반 분량에 해당하는 쿠키 위에 1의 잼을 짠다. 오븐에 다시 넣어 계속해서 굽는다. 다 구워지면 오븐에서 꺼내 식힘망 위에 올려 한 김 식힌다.

타공 매트(실팡)와 실리콘 패드(실팻)의 차이

타공 매트(141쪽)와 실리콘 패드의 소재는 같지만, 타공 매트에는 작은 구멍이 뚫려 있어서 부드러운 반죽을 올려 구우면 구멍이 막혀 씻기 힘들어집니다. 따라서 짜는 쿠키나 다쿠아즈 등은 실리콘 패드가 적합해요. 실리콘 패드는 테프론시트로 대체할 수 있습니다.

8
코팅용 초콜릿을 중탕으로 녹인다. 잼을 짜지 않은 7의 쿠키 가장자리에 초콜릿을 묻혀 유산지 위에 올리고 아몬드를 뿌린다. 냉장실에 10~15분 동안 넣어 차게 굳힌 후 꺼낸다.

말차 랑그드샤

재료 (지름 약 3cm 크기 30개 분량)

머랭

　달걀흰자 … 35g(1개 분량)

　슈거파우더 … 15g

버터(무염) … 35g

슈거파우더 … 15g

A　아몬드가루 … 20g

　　박력분(에크리튀르) … 18g

　　말차파우더 … 2g

코팅용 화이트초콜릿 … 50g

밑준비

• 달걀흰자와 버터는 실온 상태로 준비한다.

• A는 합쳐 체로 친다.

• 짤주머니에 원형 깍지(지름 1cm)를 끼운다.

• 오븐은 굽기 15분 전에 170℃로 예열하기 시작한다.

＼ 이 말차를 사용했어요 ／

교토 우지 말차파우더 미야비

말차는 열을 가하면 색이 옅어집니다. 하지만 이 제품은 신차를 사용해 풍미가 좋을 뿐만 아니라 구움과자 재료로 사용해도 발색이 좋습니다. (용량 30g)

만드는 법

> 핸드믹서 날은 씻지 않고 다음 작업에 그대로 사용하면 됩니다!

1

머랭을 만든다. 볼에 달걀흰자와 슈거파우더를 넣고 핸드믹서를 중속~고속에 맞춰 휘핑한다. 날을 들어 올렸을 때 끝이 부드럽게 휘는 뿔 모양이 되는지 확인한다.

advice

> 실온 상태로 준비한 달걀흰자는 거품이 잘 일기에 이를 막기 위해 슈거파우더는 한꺼번에 다 넣습니다.

2

다른 볼에 버터와 슈거파우더 15g을 넣고 고무 주걱으로 부드럽게 풀어 크림 상태로 만들고, 핸드믹서로 바꿔 중속~고속에 맞춰 뽀얗게 될 때까지 섞는다.

160℃
굽는 시간 **18분**

> 가장자리가 열은 갈색이 되면 다 구워진 것!

5

오븐 팬에 실리콘 패드(또는 테프론시트/47쪽)를 깔고, 4를 지름 약 2.5cm 정도의 크기로 짠다. 깍지가 수직이 되도록 잡고 움직이지 않는 상태에서 1, 2, 3 숫자를 세는 리듬으로 짜고, 마지막에 깍지를 빙글빙글 돌려 반죽을 끊는다.

advice

> 구우면 반죽이 살짝 퍼지므로 3cm 크기보다 조금 작게 짠다.

6

예열한 오븐을 160℃로 낮추고 5를 넣어 약 18분간 굽는다. 구움색을 확인하고 타지 않았다면 한 번 오븐 문을 열어 오븐 안 온도를 조금 낮춘 다음, 문을 닫고 그대로 건조한다.

과자를 만들다 보면 달걀흰자가 남을 때가 많습니다. 그럴 때 구우면 좋은 게 바로 랑그드샤.
두께가 얇아 바삭바삭 식감이 가벼울 뿐만 아니라, 말차와 화이트 초콜릿의 선명한 색 조합이
쿠키 틴 속에서 시선을 끄는 존재감 있는 쿠키입니다.

다 섞으면 이런 느낌!

3

2에 1의 머랭을 5회에 나누어 넣고
그때마다 잘 섞는다. 기포가 무너지
는 것은 신경 쓰지 않아도 된다.

> **달걀흰자를 머랭으로 만들어 섞는 이유**
>
> 달걀흰자는 휘핑하지 않으면 끈적끈적한
> 상태라 버터와 고루 섞기 어렵습니다. 머
> 랭으로 만들면 섞기 수월할 뿐만 아니라
> 공기를 가득 머금게 되어 가벼운 식감으로
> 구워집니다.

4

가루류(A)를 한 번 더 체를 치면
서 넣고 고무 주걱으로 날가루가
보이지 않을 때까지 고루 섞는다.
반죽을 짤주머니에 넣는다.

뒷면은 이런 느낌!

7

코팅용 초콜릿을 중탕으로
녹여 코르네에 넣는다. 유산
지 위에 지름 약 1.5cm 크기
로 짠다 (랑그드샤 개수만큼). 랑
그드샤를 초콜릿 위에 올려
크기가 같아질 때까지 초콜
릿을 누른다.

8

남은 초콜릿으로 랑그드샤 위에 줄을 긋고
냉장실에서 10~15분 차게 굳힌 후 꺼낸다.

맛있게 만드는 요령

실온에 둔 부드러운 버터에 달걀흰자를
넣어 섞는 방법으로 만들곤 했는데
달걀흰자가 미끈거려 잘 섞이지 않아
애를 먹었지요.
시행착오를 겪으면서 버터에도
달걀흰자에도 공기를 넣어 합치는
방법에 도달했습니다. 이 방법으로
만들면 과자를 처음 만드는 초보자여도
실패할 걱정이 없어요.
플레인 반죽을 만들고 싶다면 말차 대신
박력분을 2g 늘려 총 20g을 넣어주세요.
굽는 온도와 시간은 동일합니다.

Airio

짤주머니와 코르네 사용법

과자를 만들 때 자주 등장하는 짤주머니와 코르네.
기본을 마스터하면 순조롭게 작업할 수 있어요.

짤주머니

장식할 때뿐만 아니라, 반죽을 틀에 넣을 때도 활약합니다. 짤주머니를 사용하면 틀 구석까지 깨끗하게 반죽을 넣을 수 있어요. 휘핑크림을 짤 때는 깍지 모양이나 크기에 따라 변화를 줄 수 있답니다.

❶ 짤주머니에 깍지를 넣는다. 짤주머니에 넣었을 때 깍지의 끝부분이 약 1/3쯤 나오도록 짤주머니 앞부분을 자른다. 깍지 바로 윗부분을 살짝 비틀어서 깍지 안에 넣는다.

❷ 높이가 있는 깊은 용기에 짤주머니를 넣고 절반 정도를 바깥쪽으로 뒤집은 후 크림이나 반죽을 채운다.

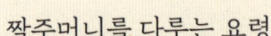

❸ 스크레이퍼나 자를 사용해 내용물을 밀어 깍지 쪽으로 모은다. 짤주머니 입구를 돌려가며 막아 내용물이 나오지 않도록 잡고, 한 손으로 깍지를 받치면서 다른 손으로 내용물을 짠다.

짤주머니를 다루는 요령

짤주머니를 비틀어 깍지 안에 넣는 이유는 짜기 전에 내용물이 흘러나오지 않도록 하기 위해서예요. 말하자면 뚜껑 같은 역할이지요. 케이크나 쿠키 반죽처럼 되직한 반죽이라면 이 단계를 생략해도 됩니다. 또한 반죽을 짤 때는 깍지를 끼우지 않고 짤주머니만 사용할 때도 있습니다(깍지를 씻지 않아도 되기에 간편합니다).

Airio

코르네

잼이나 녹인 초콜릿 등, 소량을 짤 때 사용합니다. 끝부분을 얼마만큼 자르느냐에 따라 굵기를 조절할 수 있습니다. 저는 내수성, 내습성이 뛰어난 식품용 OPP시트(18cm 정사각형)를 사용합니다.

준비
정사각형 OPP시트를 대각선으로 자른다.

어느 정도 포개져야 단단해진다

이곳이 앞부분이 된다

❶ 꼭짓점 **A**를 아래쪽으로 둔다. **B**와 **A**가 포개지도록 안쪽으로 감는다.

❷ **C**도 마찬가지로 **A**에 포개지도록 안쪽으로 감는다(원뿔꼴이 된다). 끝부분이 뾰족해지도록 의식하면서 **A**, **B**, **C**를 조금씩 조절한다.

❸ 뒤쪽 포개진 부분을 테이프로 고정한다. 원뿔꼴 안쪽에 내용물을 채운다.

❹ 튀어나온 윗부분은 좌우에서 안쪽으로 접은 후 아래쪽으로 몇 번 접어 테이프로 고정한다. 앞부분을 조금 잘라 내용물을 짠다.

* 알아보기 쉽도록 사진에서는 유산지를 사용했습니다.

PART

2

Step up

요령을 철저히 해설!
제과점에서 파는 것 같은 완성도!
나의 로망 디저트

슈크림과 시폰 케이크, 요즘 유행하는 카늘레 등, 한 번쯤은 만들어보고 싶던
로망 과자를 소개합니다. 1장 속 과자보다 한 단계 레벨 업. 언뜻 보면 어려워
보이는 과자도 만드는 요령과 이유를 알면 여러분도 충분히 만들 수 있답니다!
과정 사진은 물론, 어드바이스도 가득 적어두었으니 꼭 도전해보세요.

과일 바구니 슈

표면이 파삭파삭한 쿠키 슈에 손잡이를 달고
커스터드 크림과 제철 과일을 담았어요.
먹는 게 아까울 정도로 귀엽지 않나요?
손님에게 대접하면 모두 환호성을 내지를 거예요.

재료 (지름 약 6cm, 높이 약 10cm 크기 6개 분량)

쿠키 반죽

버터(무염) … 12g

슈거파우더 … 15g

A 박력분 … 12g

아몬드가루 … 8g

슈 반죽

버터(무염) … 25g

우유 … 25g

물 … 25g

그래뉴당 … 3g

소금 … 약간

박력분 … 30g

전란 … 60g

커스터드 크림

달걀노른자 … 36g(2개 분량)

그래뉴당 … 40g

바닐라빈 페이스트(있다면) … 5g

B 박력분 … 8g

콘스타치 … 8g

우유 … 200g

버터(무염) … 20g

생크림(유지방 성분 42%) … 100g

좋아하는 과일, 민트 … 각 적당량

밑준비

- 쿠키 반죽용, 커스터드 크림용 버터는 실온 상태로 준비한다.
- 슈 반죽용 버터와 전란은 실온 상태로 준비한다.
- 쿠키 반죽용의 A, 커스터드 크림용의 B, 슈 반죽용 박력분은 각각 체로 친다.
- 짤주머니를 2개 준비하고, 하나에는 원형 깍지(지름 1cm)를 끼운다.
- 오븐은 굽기 15분 전에 190℃로 예열하기 시작한다.

Panier de chou
à la crème

반드시 냉동실에!

1

쿠키 반죽을 만든다. 볼에 버터와 슈거파우
더를 넣고 고무 주걱으로 부드럽게 풀어 크
림 상태로 만든다. 가루류(A)를 한 번 더 체
를 치면서 넣고 고무 주걱으로 가르듯이 섞
어준 후, 볼에 누르듯이 미는 느낌으로 섞
어 한 덩어리로 만든다.

2

비닐 랩 두 장 사이에 반죽을 넣어 밀대로 30×6cm 정도 크기로 밀고, 냉
동실에 약 20분간 넣어둔다. 지름 6cm 원형틀로 5개를 찍어내고 남은 반
죽은 비슷한 크기의 원형으로 밀어 사용하기 직전까지 냉동실에 넣어둔다.

쿠키 반죽을 냉동하는 이유는?
실온에 두면 반죽 속 버터가 녹아버려 구웠을 때 파삭파
삭한 식감이 줄어듭니다. 그리고 차게 식어 있으면 틀을
찍을 때는 물론, 슈 반죽 위에 올릴 때도 작업하기 편해요.

달걀은 처음에는 넉넉하게
넣으세요. 너무 적으면
달걀이 익어버립니다

이 상태가 되면 달걀이 남아
있더라도 더 이상 넣지 말고
작업을 끝내세요!

5

4를 볼에 옮겨 담아 푼 전란을 소
량씩 넣고, 그때마다 핸드믹서를
중속에 맞춰 고루 섞는다(상태를 확
인하면서 진행한다. 전란은 남을 때도 있다).

advice

일반적으로는 고무 주걱으로 섞
지만, 핸드믹서로 섞는 게 간편
하기에 핸드믹서를 추천해요!

6

고무 주걱으로 반죽을 들어 올렸을 때 반죽이
역삼각형으로 천천히 떨어지는 농도가 이상적
이다.

7

오븐 팬에 타공 매트(141쪽)를 깐
다. 원형 깍지를 끼운 짤주머니에
반죽을 넣어 지름 약 5cm의 원
모양을 6개 짠다. 남은 반죽은 손
잡이와 장식으로 사용해야 하니
코르네에 옮겨 담는다.

advice

구우면 부풀기 때문에 간격을 벌려 짭니
다. 장식용으로 사용할 분량은 18g 정도
있으면 충분합니다(**10**단계에서 사용).

확실히 끓인다!

반죽 전체에 열을 가하는 느낌

3

슈 반죽을 만든다. 냄비에 버터, 우유, 물, 그래뉴당, 소금을 넣어 중간 불로 끓인다.

확실히 끓이지 않으면 어떻게 될까?

슈 반죽이 부푸는 원리는 무엇일까요? 슈 반죽에 열이 가해지면 반죽 속 수분이 수증기가 되면서 반죽을 밀기 때문에 부풀어 오릅니다. 4단계에서 박력분을 넣어 섞는데, 충분히 끓인 상태에서 넣지 않으면 밀가루 전분이 풀 상태가 되지 않고 반죽이 단단하게 완성되어 봉긋하게 부풀지 않게 됩니다.

4

불을 끄고 박력분을 넣어 내열 고무 주걱으로 한 덩어리가 될 때까지 고루 섞는다. 날가루가 보이지 않게 되면 다시 중간 불에 올려 반죽을 으깨듯 약 30초간 가열한다.

냄비 바닥에 얇은 막이 생기는 상태가 기준

불을 끄는 기준은 일반적으로 '냄비 바닥에 얇은 막이 생기면'입니다. 단, 불소수지 코팅된 새 냄비라면 막이 생기지 않을 수도 있습니다. 그런 경우에는 반죽이 한 덩어리로 뭉쳐졌다면 다음 단계로 넘어가도 됩니다.

180℃ 굽는 시간 **20분** ----→ 170℃ 굽는 시간 **10분**

170℃ 굽는 시간 **6분**

8

2의 쿠키 반죽을 올린다. 예열한 오븐을 180℃로 낮추고 약 20분간 구운 후, 170℃로 낮춰 약 10분간 굽는다(총 30분).

advice

굽기 시작한 30분간은 오븐 문을 절대 열지 마세요! 슈 반죽이 가라앉는 원인이 됩니다.

9

반죽 전체에 노릇한 구움색이 나면 다 구워진 것이다. 오븐에서 꺼내 식힘망 위에 올려 한 김 식힌다(**10**단계에서 사용해야 하니 오븐은 계속 켜둔다).

10

오븐 팬에 테프론시트를 깐다. **7**의 반죽을 U자로 9개 짜고(손잡이용), 3cm 크기의 꽃이나 작은 하트 모양도 짠다(장식용). 170℃ 오븐에 넣어 약 6분간 굽는다. 오븐을 끈 후 한 번 문을 열어 온도를 낮추고 다시 닫아 잔열로 건조한다.

advice

손잡이는 부러지기 쉬우니 예비용으로 넉넉하게 만드세요. 얇아서 타기도 쉬우니 상태를 보면서 구워주세요.

55

크림 만들기 ▶

115쪽 샌드용보다
단단하게

크림 샌드하기 ◀

11

60~61쪽을 참조하면서 **커스터드 크림**을 만들고, 냉장실에서 차게 식힌다. 차가워지면 꺼내 볼에 담고 고무 주걱으로 부드럽게 푼다.

advice

> 미리 만들어두거나 슈 반죽을 굽는 동안 작업해두면 좋아요!

12

생크림을 담은 볼 바닥에 얼음물을 대고 핸드믹서를 중속에 맞춰 단단하게 뿔이 설 때까지 휘핑한다. **11**에 넣어 고무 주걱으로 가르듯이 잘 섞고(크렘 디플로마트 완성), 짤주머니(깍지 필요 없음)에 넣는다.

13

슈를 위에서 1/4 높이에서 자른다.

advice

> 슈 위쪽 부분은 여기서는 사용하지 않으니 다른 곳에 활용해도 됩니다. 쿠키 반죽에 단맛이 있으니 이대로 먹어도 맛있습니다.

14

슈 아랫부분에 **12**의 크림을 균등하게 채운다. **10**의 손잡이를 찔러 넣고 과일을 얹은 다음 꽃이나 하트, 민트로 장식한다.

심플한 쿠키 슈로
완성해도 귀여워요

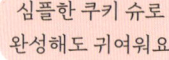

맛있게 만드는 요령

일반적인 슈보다 더 어렵게 느껴질 수도 있겠지만, 이렇게 만드는 편이 성공할 확률이 높습니다.
쿠키 반죽을 얹으면 슈 반죽 표면을 촉촉하게 유지할 수 있어(굽기 전에 분무기로 분사할 필요가 없음) 굽는 도중에 폭발하지도 않고 봉긋 부풉니다.
공정은 많아도 순서대로 천천히 잘 따라 작업하면 되니 너무 겁먹지 마세요!

Airio

파리브레스트

크렘 디플로마트, 휘핑크림, 캐러멜 크림,
이 세 종류의 크림을 채운 호사스러운 맛의 슈입니다.
동그랗게 짠 크림이 감성적이라
칭찬 세례를 받을 확률이 높은 과자예요.

Paris-Brest

재료 (지름 약 8cm, 높이 약 5cm 크기 5개 분량)

슈 반죽
- 버터(무염) … 25g
- 우유 … 25g
- 물 … 25g
- 그래뉴당 … 3g
- 소금 … 약간
- 박력분 … 30g
- 전란 … 55g(1개 분량)
- 아몬드 분태 … 적당량

캐러멜 크림
- 그래뉴당 … 15g
- 물 … 5g
- 소금 … 약간
- 생크림(유지방 성분 35~42%) … 30g

커스터드 크림(60쪽) … 전량
- 생크림(유지방 성분 42%) … 40g

마무리용 크림
- 생크림(유지방 성분 42%) … 80g
- 그래뉴당 … 5g

밑준비
- 슈 반죽용 버터와 전란은 실온 상태로 준비한다.
- 슈 반죽용 박력분은 체로 친다.
- 짤주머니를 3개 준비하고, 하나에는 12발 별 깍지(12-10)를, 나머지 2개에는 원형 깍지(지름 1cm)를 끼운다.
- 오븐 팬에 타공 매트(141쪽)를 깐다. 지름 5cm 원형 쿠키커터에 강력분(분량 외)을 묻힌 다음 타공 매트 위에 반죽을 짤 위치에 찍어서 표시를 해둔다.
- 오븐은 굽기 15분 전에 190℃로 예열하기 시작한다.
- 캐러멜 크림용 생크림은 전자레인지(600W)에서 약 20초간 가열한다.

만드는 법 ▸ 슈 반죽을 만들고 굽기

54쪽 「과일 바구니 슈」의 6단계보다 조금 단단한 느낌

표시 선의 한가운데를 지난다는 느낌으로 짠다

1

54~55쪽 「과일 바구니 슈」의 3~5단계와 동일하게 슈 반죽을 만든다. 고무 주걱으로 반죽을 들어 올렸을 때 반죽이 역삼각형으로 천천히 떨어지고, 가장자리가 매끄럽지 않고 약간 삐죽삐죽한 상태가 되는 농도가 이상적이다.

2

12발 별 깍지를 끼운 짤주머니에 반죽을 넣어 타공 매트에 표시한 선을 따라 링 모양으로 짠다. 아몬드를 뿌린 후 분무기로 물을 뿌린다.

> **분무기를 뿌리는 이유는?**
> 반죽 표면을 물로 적시면 건조되는 것을 막을 수 있어 결과적으로 잘 부풀게 됩니다.

이게 짜는 용의 휘핑 상태!

크림 샌드하기 ▸

6

5에서 생크림을 휘핑한 볼에 마무리용 크림 재료를 넣고 휘퍼로 들어 올렸을 때 끝이 휘는 농도로 휘핑한다(짜는 용/115쪽). 원형 깍지를 끼운 짤주머니에 넣는다.

7

3의 슈를 위에서 1/3 높이에서 자르고, 아래쪽 슈에 5의 크렘 디플로마트를 6개씩 균등하게 짠다.

advice

여기서는 150g 정도만 사용하고 나머지는 9단계에서 사용합니다.

180℃
굽는 시간
20분

→

170℃
굽는 시간
10분

크림 만들기

115쪽 샌드용보다
단단하게

3

예열한 오븐을 180℃로 낮추고 약 20분간 구운 후, 170℃로 낮춰 약 10분간 굽는다(총 30분). 반죽 전체에 노릇하게 구움색이 나면 오븐에서 꺼내고 타공 매트째 식힘망 위에 올려 한 김 식힌다.

advice

굽기 시작한 30분간은
오븐 문을 열지 말 것!

4

61쪽을 참조해서 **캐러멜 크림**을 만든다. 한 김 식으면 코르네에 넣는다.

advice

커스터드 크림과 휘핑 크림을 합친 것이 크렘 디플로마트입니다.

5

커스터드 크림을 고무 주걱으로 부드럽게 푼다. 생크림 40g을 다른 볼에 담아 바닥에 얼음물을 대고 핸드믹서를 중속에 맞춰 단단하게 뿔이 설 때까지 휘핑한다. 커스터드 크림에 넣어 고무 주걱으로 가르듯이 잘 섞고(크렘 디플로마트 완성), 원형 깍지를 끼운 짤주머니에 넣는다.

8

4의 캐러멜 크림이 담긴 코르네 끝을 조금 자르고, 7에서 짠 6개 크림에 한 번씩 찔러 넣어 주입한다. 마무리용으로 약 1/3 분량을 남겨둔다.

advice

여기서 사용하는 캐러멜
크림은 2/3 정도.

9

나머지 크렘 디플로마트와 6의 휘핑 크림을 슈 하나당 3개씩 동그랗게 짠다.

10

나머지 캐러멜 크림을 몇 바퀴 돌려 짜고, 위쪽 슈를 올린다.

Custard cream

커스터드 크림

보관 기간

냉장실에서 1~2일
냉동 NG

진한 풍미가 있으면서 입안에서 부드럽게 녹는 매끄러운 크림.
휘핑크림과 합쳐 슈와 타르트에, 크레이프와 트라이플(스펀지
시트와 크림, 과일을 오목한 용기에 채워 먹는 영국 디저트 -옮긴이)에 쓰는 등,
응용 범위가 넓은 크림입니다.
냉장한 후에 다시 부드럽게 풀 때 핸드믹서는 절대 사용하지
마세요. 탄력이 끊겨 묽어지니 주의!

재료 (약 270g 분량)

달걀노른자 … 36g(2개 분량)
그래뉴당 … 40g
바닐라빈 페이스트 … 5g
A | 박력분 … 8g
  | 콘스타치 … 8g
우유 … 200g
버터(무염) … 20g

밑준비

• 버터는 실온 상태로 준비한다.
• A는 합쳐 체로 친다.

> ### 낭비 없이 만드는 요령
> 남은 달걀흰자는 냉동할 수 있습니다.
> 어느 정도 모이면
> 「피낭시에(26~27쪽)」나 「말차
> 랑그드샤(48쪽)」, 「다쿠아즈(73,
> 76쪽)」를 만들 때 쓰세요.
>
> *Airio*

❶ 볼에 달걀노른자와 그래뉴당, 바닐라빈 페이스트를 넣은 후 거품이 일지 않게 주의하면서 거품기로 섞는다. 가루류(A)를 넣고 고루 섞는다.

❷ 냄비에 우유를 넣고 끓기 직전(약 90℃)까지 데운다. ①을 거품기로 계속 저으면서 우유를 소량씩 넣는다.

❸ 차 거름망으로 거르면서 우유를 데운 냄비에 넣은 후 버터를 넣는다.

advice

> 우유는 전량 넣지 말고 조금 남겨두면 냄비 바닥에 막이 생기지 않아 냄비를 계속해서 사용할 수 있습니다.

Caramel cream

캐러멜 크림

보관 기간
냉장실에서 4~5일
냉동 OK

깊은 풍미가 있는 달콤쌉싸래한 크림입니다.
마들렌이나 시폰 케이크 반죽에 섞어 구워도 되고,
팬케이크나 아이스크림에 뿌려 먹어도 맛있어요.

재료 (약 70g 분량)

그래뉴당 … 30g

물 … 10g

소금 … 약간

생크림(유지방 성분 35~42%) … 60g

밑준비

• 생크림은 전자레인지(600W)에서 약 30초간 가열한다.

때때로 냄비를 흔들면서 가열

한 김 식으면 용기나 코르네에 담으세요

❶ 냄비에 그래뉴당, 물, 소금을 넣고 냄비를 기울이면서 섞으며 중간 불로 끓인다. 그래뉴당이 녹아 처음에는 하얀 거품이 생긴다.

❷ 점점 전체가 갈색이 되고 캐러멜 향이 나기 시작한다. 진한 갈색이 되면 불을 끈다.

❸ 생크림을 넣고 냄비를 흔든다. 보글보글 끓는 상태가 얼마간 진정이 되면 내열 고무 주걱으로 고루 섞는다.

묵직해져도 계속해서 가열하세요!

❹ 중간 불로 끓이면서 휘퍼 부분이 실리콘 재질인 거품기로 계속해서 젓는다. 먼저 탄력이 생기면서 크림이 점점 묵직해진다.

❺ 계속해서 저으면 크림의 탄력이 끊겨 매끈하고 가벼워진다. 천천히 흐르는 상태가 되면 불을 끈다.

❻ 비닐 랩으로 밀착시켜 감싸고, 보냉재를 얹어 냉장실에서 단숨에 식힌다.

advice
쉽게 상하니 실온에서 식히지 말고 반드시 냉장실에 넣어 식히세요.

Lemon chiffon cake

레몬 시폰 케이크

폭신한 식감으로 굽는 비결은 두 가지!
하나는 뿔이 뾰족한 단단한 머랭을 만드는 것.
다른 하나는 과하게 섞어 애써 만든 기포를 터뜨리지 않도록 주의하는 것.

재료 (지름 17cm×높이 8cm 시폰틀 1개 분량)

달걀노른자 … 54g(3개 분량)

그래뉴당 … 25g

미강유(또는 샐러드유) … 30g

뜨거운 물 … 25g

레몬즙 … 15g

A | 박력분 … 65g
   | 베이킹파우더 … 2g

레몬 껍질 간 것 … 1/2개 분량

머랭

  | 달걀흰자 … 140g(4개 분량)
  | 그래뉴당 … 40g

밑준비

- 달걀흰자는 사용하기 직전까지 냉장실에 차게 보관한다.
- A는 합쳐 체로 친다.
- 틀 기둥에 유산지를 감는다(끝부분은 기둥 안쪽으로 접어 넣는다).
- 오븐은 굽기 15분 전에 오븐 팬째 180℃로 예열하기 시작한다.

advice

유산지를 감는 이유는 케이크를 틀에서 꺼내기 쉽게 하기 위해서입니다.

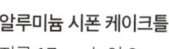
이 틀을 사용했어요

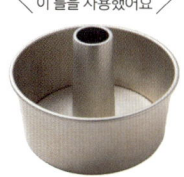

알루미늄 시폰 케이크틀
지름 17cm×높이 8cm

만드는 법

1

미강유, 뜨거운 물, 레몬즙을 섞는다.

2

달걀노른자와 그래뉴당을 볼에 넣고 거품기로 고루 섞은 후, **1**을 더해 섞는다.

3

가루류(A)를 한 번 더 체를 치면서 넣고 날가루가 보이지 않을 때까지 섞은 후, 레몬 껍질을 넣는다.

빙글빙글 섞지 마세요!
아래에서 위로 퍼 올리듯이
섞어야 합니다

4

65쪽을 참조하면서 **머랭**을 만든다. 뿔이 뾰족하게 섰다가 천천히 휘는 정도를 기준으로 삼는다.

5

머랭을 고무 주걱으로 한 번 퍼서 **3**에 넣고, 거품기로 고루 섞는다.

한 번 퍼서 소량을 섞는 이유는?
머랭은 몽글몽글하고 달걀노른자 반죽은 끈적한 상태. 농도가 다른 반죽끼리는 잘 섞이지 않기에 먼저 머랭 일부를 섞어 반죽 농도를 비슷하게 맞춥니다.

6

5를 머랭이 있는 볼에 넣어 거품기로 15회 섞는다. 거품기로 퍼 올려 날 사이로 거품을 떨어뜨리고 다시 퍼 올린다. 이 방법으로 섞으면 기포가 덜 꺼진다.

170℃
굽는 시간
30분

8

반죽을 틀에 담아 기둥과 본체를 손으로 누르면서 좌우로 몇 회 흔들고, 작업대에 몇 회 가볍게 쳐서 반죽 속 공기를 뺀다.

9

고무 주걱으로 표면을 다듬고, 긴 젓가락으로 2~3cm 깊이까지 꽂아 방사선형으로 선을 긋는다.

advice

선을 그으면 증기가 빠져나갈 길이 생겨 예쁘게 갈라져 더욱 완성도 있게 구워집니다.

10

예열한 오븐을 170℃로 낮추고 **9**를 넣어 약 30분간 굽는다. 틀을 약 10cm 높이로 들어 올려 작업대에 떨어뜨리면서 속의 뜨거운 증기를 뺀다.

작업대에 떨어뜨리는 이유
다 구워진 후 반죽이 수축하는 것을 막기 위함입니다. 케이크 속에 뜨거운 증기가 남아 있으면 식는 사이에 차가워져 반죽이 꺼지게 됩니다. 한 번만 떨어뜨리면 됩니다.

7

고무 주걱으로 바꾸고 반죽을 뒤집듯이 섞는다. 이때 왼손으로 볼을 시계 반대 방향으로 60도씩 돌리면서 13~15회 고루 섞는다.

advice

완성된 반죽은 탄력이 있습니다.

틀에서 꺼내는 법은 67쪽을 확인!

11

틀을 거꾸로 세워 기둥 부분을 병에 끼우고 그대로 한 김 식힌다.

advice

거꾸로 세우지 않으면 케이크 자체의 무게로 가라앉아버립니다. 또한 식기 전에 틀에서 꺼내는 것도 NG. 확실히 식고 상태가 안정된 후에 틀에서 꺼내 냉장실에서 보관해주세요.

달걀흰자 휘핑하는 법 (머랭 만들기)

달걀흰자는 찬 상태로 준비해주세요.
설탕은 결을 정돈하고 거품을 안정시키는 역할을 합니다.
상태를 보면서 3회로 나누어 넣습니다.
또한 볼에 유분이나 수분이 남아 있으면 거품이 잘 생기지 않으니 사전에 꼼꼼히 확인합니다.

재료

달걀흰자
그래뉴당

사용하기 직전까지 냉장실에 보관한다

* 분량은 레시피에 맞춰 준비한다.

❶ 볼에 달걀흰자를 넣고 거품기로 부드럽게 풀어 흰자의 끈기를 없앤다. 그래뉴당의 1/3 분량을 넣고 핸드믹서를 중속~고속에 맞춰 휘핑한다.

이 상태가 되면 2회째 그래뉴당을 넣는다!

❷ 몽글몽글 거품이 생기면 2회째 그래뉴당(1/3 분량)을 넣는다.

이 상태가 되면 3회째 그래뉴당을 넣는다!

❸ 계속해서 휘핑하고 날을 들어 올렸을 때 반죽에 자국이 남는 정도가 되면 나머지 그래뉴당(1/3 분량)을 넣는다.

매끈매끈한 머랭 완성!

❹ 계속해서 휘핑해 뿔이 서기 시작하면 거품기로 바꿔 결을 정돈한다. 거품기를 들어 올렸을 때 뿔이 뾰족하게 섰다가 부드럽게 휘는 정도면 된다.

캐러멜 마블 시폰 케이크

깊은 풍미가 있는 달콤쌉싸래한 캐러멜 맛은 커피 또는 홍차와 궁합이 좋아요!
캐러멜 크림은 매끈한 상태(25~30℃)에서 사용하면 반죽과 잘 섞입니다.
캐러멜이 딱딱한 경우는 전자레인지에 넣어 가볍게 데워주세요.

170℃
굽는 시간
30분

재료 (지름 17cm×높이 8cm 시폰틀 1개 분량)

달걀노른자 … 54g(3개 분량)

그래뉴당 … 25g

미강유(또는 샐러드유) … 30g

뜨거운 물 … 40g

A │ 박력분 … 65g
│ 베이킹파우더 … 2g

머랭

│ 달걀흰자 … 140g(4개 분량)
│ 그래뉴당 … 40g

캐러멜 크림

│ 그래뉴당 … 15g
│ 물 … 5g
│ 소금 … 약간
│ 생크림(유지방 성분 35~42%) … 30g

밑준비

• 달걀흰자는 사용하기 직전까지 냉장실에
  차게 보관한다.

• A는 합쳐 체로 친다.

• 생크림은 전자레인지(600W)에서 약
  20초간 가열한다.

• 틀 기둥에 유산지를 감는다(끝부분은 기둥
  안쪽으로 접어 넣는다).

• 오븐은 굽기 15분 전에 오븐 팬째
  180℃로 예열하기 시작한다.

만드는 법

❶ 61쪽을 참조해서 캐러멜 크림을 만들고 25~30℃까지 식힌다.

❷ 63~65쪽 「레몬 시폰 케이크」의 **1~7**단계를 참조해서 플레인 반죽을 만든다(**1**단계에서 레몬즙은 넣지 않고, 마찬가지로 **3**단계에서 레몬 껍질은 넣지 않는다).

❸ 캐러멜 반죽을 만든다. ❷의 반죽 40g을 덜어 ❶에 넣고, 거품기로 고루 섞는다(사진 **a**).

❹ ❸을 ❷의 플레인 반죽에 다시 넣고 고무 주걱으로 가르듯이 3~4회 섞어 마블 무늬를 만든다(사진 **b**).

❺ 「레몬 시폰 케이크」의 **8~9**단계와 동일하게 반죽을 틀에 넣는다.

❻ 예열한 오븐을 170℃로 낮추고 ❺를 넣어 약 30분간 굽는다. 틀을 약 10cm 높이로 들어 올려 작업대에 떨어뜨리면서 속의 뜨거운 증기를 뺀다. 틀을 거꾸로 세워 기둥 부분을 병에 끼우고 그대로 한 김 식힌다.

> **덜 섞으면 구멍이 생기는 원인이 된다**
> 캐러멜 크림에 넣는 반죽량은 40g을 꼭 지켜주세요. 눈대중으로 적당히 재서 40g보다 많게 넣으면 마블 무늬가 옅어집니다. 또한 반죽이 덜 섞이면 결과물에 구멍이 생기기 쉬우니 ❸단계에서 확실히 섞는 것도 중요합니다.

과하게 섞지
않도록 주의!

a

b

시폰 케이크를
틀에서 꺼낼 때는…

틀과 케이크 사이에 스패출러를 넣어 틀에 딱 붙인 후(사진 왼쪽), 틀을 천천히 한 바퀴 돌리면서 바깥쪽 틀에서 분리한다(케이크 측면을 얇게 긁어내는 느낌). 안쪽 틀 바닥과 케이크 사이에 스패출러를 넣어(사진 오른쪽), 한 바퀴 돌려 케이크를 분리한다. 마지막에 기둥에 감싼 유산지를 제거한다.

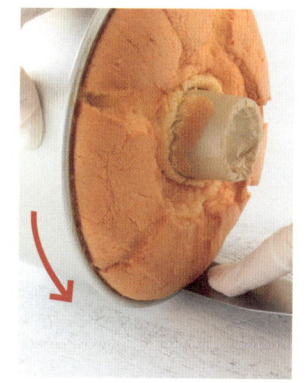

Unbaked cheesecake

스쿱 레어 치즈 케이크

매끄러운 레어 치즈 케이크에 바삭한 크럼블, 폭신한 휘핑크림 등 다양한 식감을
토핑했습니다. 여기에 제철 과일을 얹어 배색도 한껏 호화로워졌어요.
법랑 용기는 확실히 식힐 수 있어 보관할 때도 편리합니다.
먹을 양만큼만 꺼내 드세요.

재료 (14cm×14cm×높이 5.5cm인 법랑 용기 1개 분량)

치즈 반죽
| 크림치즈 … 200g
| 그래뉴당 … 50g
| 판젤라틴 … 5g
| 우유 … 40g
| 레몬즙 … 12g
| 생크림(유지방 성분 42%) … 160g

크럼블(71쪽) … 전량

마무리용 크림
| 생크림(유지방 성분 42%) … 40g
| 연유(가당) … 8g
좋아하는 과일, 피스타치오(있다면),
　　민트(있다면) … 각 적당량

밑준비
- 71쪽을 참조해서 **크럼블**을 만들고, 식힌다.
- 피스타치오는 크럼블을 구울 때, 다 구워지기 2분 전에
  오븐 팬에 올려 함께 구운 후 식으면 으깬다.
- 젤라틴은 얼음물에 넣어 불린다.
- 짤주머니에 12발 별 깍지(12-10)를 끼운다.

> **얼음물에 넣어 불리는 이유는?**
> 판젤라틴은 상온의 물에 넣으면 녹아버려
> 응고력이 약해질 때도 있습니다. 따라서
> 불릴 때는 얼음물을 사용합시다.

유리잔에 담아도 귀여워요
유리잔이나 한 번에 다 먹을 수 있
는 크기의 컵에 1인분씩 만들어도
좋아요. 크림블과 치즈 빈죽, 잼을
쌓고 윗면에 휘핑크림과 좋아하
는 과일을 얹기만 하면 됩니다.

만드는 법

1

치즈 반죽을 만든다. 내열 볼에 크림치즈를 담아 비닐 랩을 씌우고 전자레인지(600W)에서 약 50초간 가열한다. 거품기로 섞어 크림 상태로 만들고 그래뉴당을 더해 고루 섞는다.

덜 섞인 곳이 없도록 확실히 섞어주세요

2

다른 내열 볼에 우유를 담고 전자레인지(600W)에서 30초간 가열한다. 불린 판젤라틴을 물기를 꼭 짜서 넣고 거품기로 섞으면서 녹인다.

3

2를 **1**에 넣고 고루 섞는다. 확실히 섞이면 레몬즙을 넣어 섞는다.

advice

레몬즙을 넣으면 반죽이 약간 단단해집니다.

5

4의 1/2 분량을 **3**에 넣고 확실히 섞어준다. 나머지 **4**를 넣고 고무주걱으로 바꿔 덜 섞인 곳이 없도록 꼼꼼하게 섞는다.

advice

한 번에 넣는 양이 많으면 잘 섞이지 않으므로 2회에 나누어 넣고 섞습니다.

나머지 크럼블은 토핑용으로 사용합니다

6

용기 바닥에 **크럼블** 1/2 분량을 깐다.

7

5를 붓고 용기를 살짝 흔들어 평평하게 만든다. 뚜껑을 덮고 냉장실에 반나절 정도 넣어두어 차게 굳힌다.

무스용 농도로
만들어주세요

4

다른 볼에 생크림 160g을 담아 바닥에 얼음물을 대고 휘핑한다. 거품기를 들어 올렸을 때 매끄럽게 흘러내리는 농도가 되면 완성(무스용/114쪽).

8

마무리용 크림 재료를 볼에 담아 바닥에 얼음물을 대고 휘핑한다. 거품기를 들어 올렸을 때 크림 끝이 천천히 휘는 농도로 만든다(짜는 용/115쪽). 짤주머니에 넣고 **7**에 동그랗게 짠다. 빈 곳에 남은 크럼블을 올리고 과일과 다진 피스타치오, 민트로 장식한다.

크럼블 만드는 법

바삭바삭하고 파사삭 부서지는 식감을 자랑하는 크럼블.
머핀과 타르트의 토핑으로도 대활약하는 존재입니다.
아이스크림이나 요거트에 뿌려 먹어도 맛있어요.

Crumble

재료 (만들기 쉬운 분량)

A | 박력분 … 45g
  | 아몬드가루 … 15g
브라운슈거 … 30g
소금 … 약간
버터(무염) … 30g

밑준비

- A는 합쳐 체로 치고, 냉장실에서 차게 보관한다.
- 버터는 사방 1cm 크기로 썰고, 사용하기 직전까지 냉장실에서 차게 보관한다.

❶ 볼에 버터를 제외한 모든 재료를 넣고 거품기로 섞는다. 버터를 넣고 손끝으로 비벼가며 가루를 묻히면서 버터를 잘게 만든다.

스크레이퍼를
사용해도 됩니다!

❷ 날가루가 안 보이면 손으로 쥐었다 부수는 작업을 반복해 소보로 상태로 만든 후 냉장실에 넣는다. 오븐을 180℃로 예열하기 시작한다.

크기 조절은
이 단계에서!

❸ 타공 매트(141쪽)를 깐 오븐 팬에 ❷를 펼치고 예열한 오븐을 170℃로 낮추어 13~15분간 굽는다. 다 구워지면 타공 매트째 식힘망에 올려 식힌다.

170℃
굽는 시간
13~15분

advice

굽는 도중에 고무 주걱으로 위아래를 바꾸듯 뒤섞으면 골고루 익습니다.

Dacquoise en forme de cœur

하트 다쿠아즈

사박하고 폭신하며 가벼운 식감의 다쿠아즈 반죽에 딸기 밀크 가나슈를 샌드했습니다.
틀을 사용해서 굽는 레시피도 있지만, 여기서는 짤주머니로 짜되
소소한 아이디어를 더했습니다.
모양이 딱 맞지 않더라도 그것대로 귀엽답니다!

재료 (약 5×4cm 크기 8개 분량)

머랭

| 달걀흰자 … 60g
| 그래뉴당 … 18g

A | 아몬드가루 … 36g
| 박력분 … 10g
| 슈거파우더 … 30g

슈거파우더(마무리용) … 적당량

가나슈

| 제과용 커버추어 화이트초콜릿 … 15g
| 제과용 커버추어 딸기초콜릿 … 15g
| 생크림(유지방 성분 42%) … 15g

마무리용

| 코팅용 화이트초콜릿 … 30g
| 동결 건조 프랑부아즈 과립 … 적당량

밑준비

- 달걀흰자는 사용하기 직전까지 냉장실에서 보관한다.
- A는 합쳐 체로 치고, 냉장실에서 보관한다.
- 짤주머니를 2개 준비하고, 하나에는 원형 깍지(지름 1.3cm)를 끼운다.
- 오븐은 굽기 15분 전에 180℃로 예열하기 시작한다.

advice

가나슈를 샌드했기 때문에 보관은 냉장실에서! 먹을 때는 실온에 몇 분 두었다 드세요.

\ 이 틀을 사용했어요 /

cotta 동결 건조 프랑부아즈 과립
동결 건조한 프랑부아즈(라즈베리-옮긴이)를 잘게 부순 것. 색이 예뻐서 토핑하기 좋아요.
(용량 10g)

데커레이션을 다양하게 바꿔보세요!

장식하는 초콜릿 종류를 바꾸거나, 선을 그은 후 하트나 꽃 모양으로 짜서 무늬를 넣는 등, 어떻게 응용하느냐에 따라 얼마든지 무궁무진하게 즐길 수 있습니다(하트 모양 외에 76쪽 「다쿠아즈 쇼콜라」처럼 원형으로 구워도 됩니다).

만드는 법

65쪽에서 만든 것보다 단단하게 완성합니다

1

65쪽 「달걀흰자 휘핑하는 법」을 참조해서 뿔이 뾰족하게 서는 단단한 **머랭**을 만든다.

2

가루류(A)를 한 번 더 체를 치면서 넣고 처음에는 고무 주걱으로 가르듯이 섞는다.

advice

머랭 속으로 가루류를 분산시키는 느낌입니다.

3

어느 정도 가루류가 분산되면 바닥에서 반죽을 크게 퍼올려 뒤집듯이 섞는다. 날가루가 보이지 않고, 몽글몽글해져 유동성이 없는 상태가 되면 원형 깍지를 끼운 짤주머니에 넣는다.

7

실리콘 패드를 뒤집고 그 위에 테프론시트를 깐다. 코팅용 초콜릿을 중탕으로 녹여 **6**의 1/2 분량(8개) 끝부분을 담근 후 시트 위에 올린다. 이 작업이 끝나면 냉장실에서 10~15분간 차게 굳힌다.

advice

바쁠 때는 냉동실에 5분 넣어두세요.

토핑은 초콜릿이 굳기 전에 올리세요

8

7에서 남은 초콜릿을 코르네에 넣고, 초콜릿을 묻힌 다쿠아즈 위에 사선으로 짠 후 프랑부아즈 과립을 뿌린다.

9

가나슈를 만든다. 내열 볼에 가나슈 재료를 담아 전자레인지(600W)에서 약 30초간 가열한다. 초콜릿이 녹을 때까지 기다렸다가 섞은 후, 퍼 올렸을 때 형태가 유지되는 농도가 될 때까지 식힌다.

처음 뿌린 슈거파우더가 녹으면
두 번째 슈거파우더를 뿌리세요

170℃
굽는 시간
16분

4

오븐 팬에 실리콘 패드(또는 테프론 시트/47쪽)를 깔고, **3**을 물방울 모양으로 좌우로 짜서 하트 모양을 만든다. 총 16개를 만든다.

5

반죽 표면에 마무리용 슈거파우더를 차 거름망에 담아 체 치면서 뿌린다. 슈거파우더가 녹으면 같은 방법으로 한 번 더 슈거파우더를 뿌린다.

슈거파우더를 뿌리는 이유는?
반죽 수분에 의해 슈거파우더가 녹게 되는데 이 상태에서 오븐에 넣으면 결정화되어 겉이 바삭하게 구워집니다. 한 번 뿌려서는 표면을 충분히 덮을 수 없기 때문에 두 번 뿌립니다.

6

예열한 오븐을 170℃로 낮추고 **5**를 넣어 약 16분간 굽는다. 오븐에서 꺼내 실리콘 패드에 올려둔 상태로 식힌다. 다 식으면 실리콘 패드 아래에 손가락을 넣어 밀어 올리듯이 떼어낸다.

advice

바닥 면은 열이 잘 전달되다 보니 금방 딱딱해집니다. 그래서 저는 열이 천천히 전달되게끔 실리콘 패드 아래에 A4용지를 두 장 깔고 굽습니다.

10

6의 나머지(8개)를 평평한 바닥 면이 위로 가게 나열한다. **9**를 짤주머니(깍지 없음)에 넣어 균등하게 짜고, **8**(초콜릿 코팅을 한 쪽)을 얹는다.

advice

다쿠아즈를 얹으면 가나슈가 약간 퍼지기 때문에 가장자리 쪽은 조금 비워두고 가나슈를 짭니다.

맛있게 만드는 요령

다쿠아즈는 버터크림을 샌드하는 레시피가 주류이지만, 버터크림은 만들기가 어렵기 때문에 녹인 초콜릿과 생크림을 섞기만 하면 완성되는 간단한 가나슈로 소개했습니다. 저는 과자를 만들다 보면 남게 되는 달걀흰자를 냉동실에 보관해두는데 (저는 이를 '달걀흰자 저축'이라고 부른답니다) 다쿠아즈는 그런 달걀흰자를 소비하기에 딱 좋아요. 가나슈를 샌드하지 않고 데커레이션 케이크나 무스 케이크 등에 장식하는 것도 추천합니다.

Airio

다쿠아즈 쇼콜라

다쿠아즈 반죽을 동그랗게 짜고 가나슈를
밀크 초콜릿으로 응용한 레시피입니다.
카카오닙스 대신 아몬드 분태를 뿌려도 됩니다.

재료 (지름 약 5cm 크기 9개 분량)

머랭

> 달걀흰자 … 60g
> 그래뉴당 … 18g

A 아몬드가루 … 36g
> 박력분 … 5g
> 코코아파우더(무가당) … 4g
> 슈거파우더 … 30g

슈거파우더(마무리용) … 적당량

가나슈

> 제과용 커버추어 밀크초콜릿 … 30g
> 생크림(유지방 성분 42%) … 15g

마무리용

> 코팅용 다크초콜릿 … 30g
> 카카오닙스(80쪽) … 적당량

밑준비

73쪽 「**하트 다쿠아즈**」와 동일하게 준비한다.

170℃
굽는 시간
16분

만드는 법

❶ 74~75쪽 「**하트 다쿠아즈**」의 **1~3**단계와 동일하게 다쿠아즈 반죽을
만든다.

❷ 오븐 팬에 실리콘 패드(또는 테프론시트/47쪽)를 깔고, ①을 짤주머니에
넣어 지름 약 4cm로 짠다. 1, 2, 3 숫자를 세는 리듬으로 짜고, 마지막
에 깍지를 빙글빙글 돌려 반죽을 끊는다. 총 18개를 만든다(사진).

❸ 「**하트 다쿠아즈**」의 **5~6**단계와 동일하게 마무리용 슈거파우더를 뿌
린 후, 170℃ 오븐에서 약 16분간 굽고 오븐에서 꺼내 식힌다.

❹ 「**하트 다쿠아즈**」의 **7~8**단계와 동일하게 코팅용 초콜릿을 ③의 1/2
분량(9개) 끝에 묻히고 남은 초콜릿을 사선으로 짠다. 초콜릿이 굳기 전
에 카카오닙스를 뿌린다.

❺ 「**하트 다쿠아즈**」의 **9~10**단계와 동일하게 **가나슈**를 만든다. ③의 나머
지(9개)에 균등하게 짜고 ④를 얹는다.

깍지는 수직으로 두고
고정한 채 짜세요!

레몬 케이크

산뜻한 레몬의 풍미가 맴돌면서
폭신하고 부드럽게 녹는 케이크입니다.
대구루루 동글동글한 모양도 어쩐지 귀엽답니다.
글라스 아 로(설탕 코팅)로 반짝반짝 마무리하면
마치 제과점에서 사 온 듯한 느낌으로 완성할 수 있어요.

Lemon cake

재료 (약 8×5cm 크기 8개 분량)

전란 … 70g

그래뉴당 … 50g

벌꿀 … 8g

A 박력분 … 46g

　아몬드가루 … 12g

　베이킹파우더 … 1g

버터(무염) … 23g

미강유(또는 샐러드유) … 23g

우유 … 8g

레몬즙 … 14g

글라스 아 로

　슈거파우더 … 80g

　레몬즙 … 16g

밑준비

• 전란은 실온 상태로 준비한다.

• A는 합쳐 체로 친다.

• 틀 안쪽에 실온에 두어 부드러워진
  버터(무염·분량 외)를 바른다. 냉장실에서 15분
  정도 차게 굳힌 후 강력분(분량 외)을 뿌리고
  틀을 뒤집어 여분의 가루를 털어낸다.

• 오븐은 굽기 15분 전에 오븐 팬째 190℃로
  예열하기 시작한다.

advice

휘핑한 전란으로 만드는 반죽은 틀에
달라붙기 쉬우니 틀을 버터와 밀가루
로 코팅해둡니다.

만드는 법

1

버터, 미강유, 우유, 레몬즙
을 섞어 중탕으로 버터를 녹
이고 약 50℃로 유지한다.

advice

레몬즙은 냉동할 수 있습니
다. 냉동용 밀폐 봉투에 넣어
얄팍한 시트 상태로 냉동하
면 필요한 양만 잘라 사용할
수 있어 편리합니다.

2

볼에 전란, 그래뉴당, 벌꿀을
넣고 중탕하며 핸드믹서로
저속에 맞춰 섞으면서 그래
뉴당을 녹여 36~38℃까지
데운다.

advice

달걀을 사람의 체온 정도로
데우면 좀 더 쉽게 거품을 낼
수 있어요.

덜 섞이면 반죽에 공기가 과하게
포함된 채 구워지기에 나중에
반죽이 수축하는 원인이 됩니다

6

5의 한 주걱 분량을 **1**에 더해 고루 섞는다. **5**의 볼에 다시 넣고 고무
주걱으로 꼼꼼히 섞는다. 주걱을 들어 올렸을 때 리본 모양으로 천천
히 떨어지고, 자국이 희미하게 남는 상태가 되면 반죽 완성.

반죽 상태를 확실히 확인한다

섞는 작업으로 반죽 속 공기량을 조절합니다. 반죽을 퍼 올렸
을 때 자국이 전혀 남지 않는다면 과하게 섞인 상태, 몽글몽글
한 상태로 남는다면 덜 섞인 상태입니다.

＊ 마츠나가 제작소 실버 레몬틀 8P(1구당 안쪽 치수: 7.8cm×5.3cm×높이 3cm, 8구)를 사용했어요.

2~4단계 마무리하는 데까지
걸리는 휘핑 시간은 약 7분

날가루가 안 보일
때까지!

3

중탕을 멈추고 핸드믹서를 고속으
로 맞춰 휘핑한다. 뽀얗고 묵직한
상태가 되었을 때 반죽을 떨어뜨
려본다. 8자가 그려지고, 그 자국
이 남는 정도가 되면 완성.

4

중속으로 약 2분간 거품을 낸다. 계속해서
저속으로 낮춰 한 곳당 약 10초씩 휘핑하
면서 한 바퀴 빙 돌려 결을 정리한다.

advice

같은 곳을 10초간 돌렸다면 볼을
조금 회전시켜 또 10초. 이 작업을
반복하면 반죽 전체가 균일한 상태
가 됩니다.

5

가루류(A)를 한 번 더 체를 치면
서 넣고 고무 주걱으로 바닥에서
반죽을 퍼 올려 뒤집듯이 섞는다.
큼직하게 퍼서 반죽을 반대쪽으
로 떨어뜨린다는 느낌으로 날가
루가 보이지 않을 때까지 섞는다.

다 구워지면 이런 느낌!

180℃
굽는 시간
13~14분

케이크는 반드시
완전히 식힌 상태에서!

200℃
굽는 시간
1~2분

표면이
반질반질!

굽기 전　구운 후

7

반죽을 틀에 균등하게 채운
다. 예열한 오븐을 180℃로
낮추고 13~14분간 굽는다.
틀을 약 5cm 높이로 들어
올려 작업대 바닥에 떨어뜨
려 틀 속의 뜨거운 증기를 빼
고, 틀에서 꺼내 식힘망 위에
올려 한 김 식힌다.

advice

노릇노릇 구움색이 나면 기준 시간보
다 이르더라도 오븐에서 꺼내주세요.

8

오븐 팬에 테프론시트를 깔고 내열 망
을 올린다. **글라스 아 로**의 재료를 고루
섞은 후 **7**의 윗면이 아래로 가게 잡고
글라스 아 로를 묻혀 망 위에 올린다(작
업 전에 오븐을 200℃로 예열하기 시작한다).

9

200℃로 예열한 오븐에 1~2분간 넣어 글
라스 아 로를 건조시킨다. 망째 꺼내 한 김
식힌다.

advice

오븐에 들어가는 크기의 망이 없다
면 유산지를 깐 오븐 팬에 올려 구
운 후 오븐에서 꺼내 유산지째 식
힘망에 올려주세요.

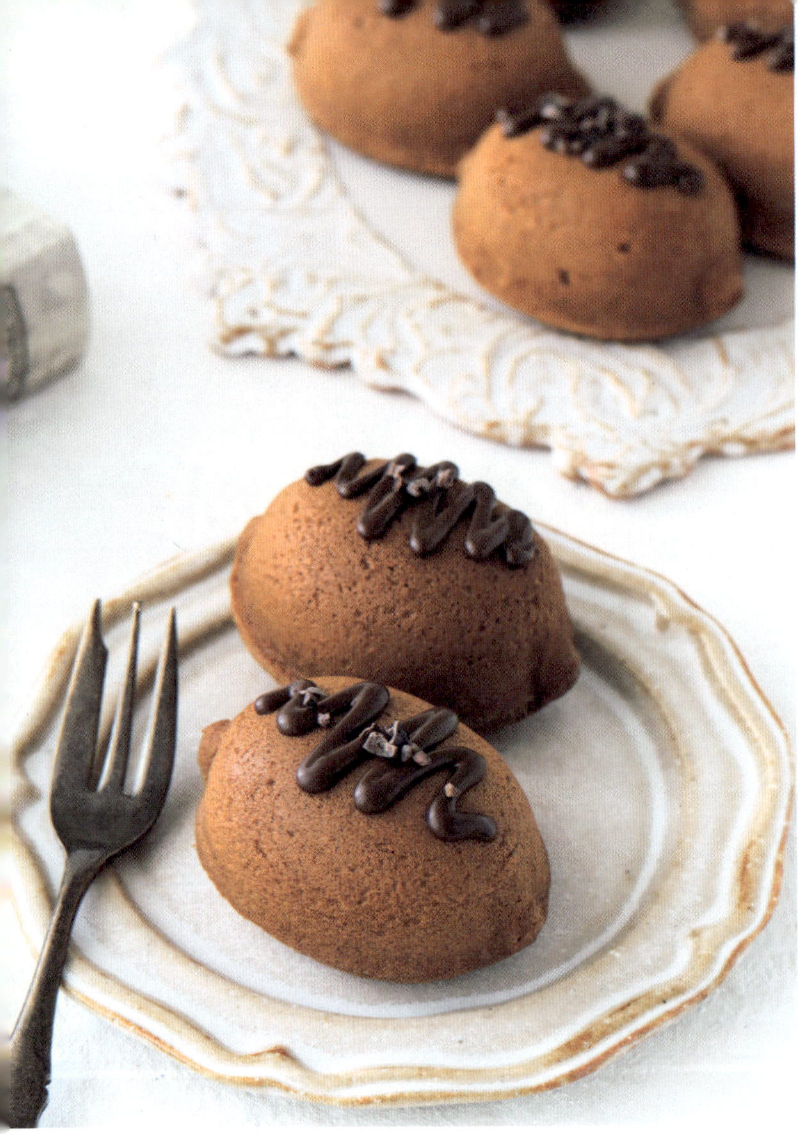

arrange recipe

커피 케이크

커피 향이 그윽하게 퍼지는 리치한 버터 케이크.
케이크 속에 연유로 단맛을 낸 휘핑크림을
채워도 맛있답니다.

재료 (약 8×5cm 크기 8개 분량)

전란 … 70g
그래뉴당 … 50g
벌꿀 … 8g
A | 박력분 … 46g
  | 아몬드가루 … 12g
  | 베이킹파우더 … 1g
버터(무염) … 23g
미강유(또는 샐러드유) … 23g
우유 … 8g
인스턴트 커피 … 3g
코팅용 다크초콜릿 … 40g
카카오닙스 … 적당량

밑준비

78쪽 「**레몬 케이크**」와 동일하게 준비한다.

180℃
굽는 시간
13~14분

만드는 법

❶ 버터와 미강유를 합쳐 중탕으로 버터를 녹인다. 인스턴트 커피를 녹여 우유에 넣고 약 50℃로 유지한다.

❷ 78~79쪽 「**레몬 케이크**」의 2~6단계와 동일하게 반죽을 만든다(사진).

❸ 반죽을 틀에 균등하게 채운다. 예열한 오븐을 180℃로 낮춘 후 13~14분간 굽는다. 틀을 약 5cm 높이로 들어 올려 작업대 바닥에 떨어뜨려서 틀 속의 뜨거운 증기를 빼고, 틀에서 꺼내 식힘망 위에 올려 한 김 식힌다.

❹ 중탕으로 녹인 코팅용 초콜릿을 코르네에 넣어 케이크 위에 짠 후, 카카오닙스를 뿌린다. 냉장실에 10~15분간 넣어 차게 굳힌다.

이걸 사용했어요

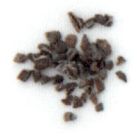

카카오닙스
볶은 카카오콩을 부순 것으로,
카카오 특유의 향과 쓴맛이 있어요.
혹 카카오닙스가 없다면
아몬드 분태로 대신해도 됩니다.

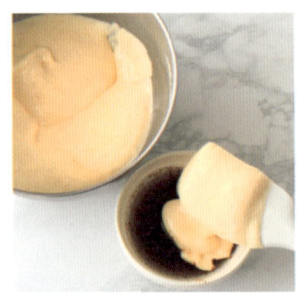

플로랑틴

쿠키 반죽의 두께, 아파레이유(액상 반죽-옮긴이)와 견과류 분량 등이
절묘한 균형을 이루고 있으니 꼭 도전해보세요.
칼로리가 높다고 머리로는 알고 있어도 매번 황홀한 맛에 저항 한 번 하지 못하고
가장자리를 몇 개씩이나 맛을 본답니다(만든 사람만이 취할 수 있는 콩고물!).

Florentin

재료 (4cm 정사각형 크기 25개 분량)

쿠키 반죽

> 버터(무염) … 75g
>
> 슈거파우더 … 60g
>
> 소금 … 한 꼬집(0.5g)
>
> 전란 … 25g
>
> A | 박력분(에크리튀르) … 120g
> | 아몬드가루 … 30g

아파레이유

> 생크림(유지방 성분 42%) … 30g
>
> 버터(무염) … 30g
>
> 그래뉴당 … 45g
>
> 벌꿀 … 20g
>
> 소금 … 한 꼬집(0.5g)
>
> 아몬드슬라이스 … 70g

advice
> 버터는 손가락이 쑥 들어가는 정도가 기준(온도는 20~23℃).

밑준비

- 쿠키 반죽용 버터와 전란은 실온 상태로 준비한다.
- 아파레이유용 생크림과 버터는 실온 상태로 준비한다.
- A는 합쳐 체로 친다.
- 아몬드슬라이스는 160℃로 약 6분간 굽는다.
- 오븐은 굽기 15분 전에 180℃로 예열하기 시작한다.

만드는 법

> 달걀은 한 번에 많은 양을 넣으면 반죽이 분리되니 주의!

1

쿠키 반죽을 만든다. 볼에 버터, 슈거파우더, 소금을 넣고 고무 주걱으로 부드럽게 풀어 크림 상태로 만든다. 핸드믹서로 바꿔 중속~고속에 맞춰 뽀얗게 될 때까지 섞는다. 푼 전란을 2~3회에 나누어 넣고 그때마다 잘 섞는다.

2

가루류(A)를 한 번 더 체를 치면서 넣고 처음에는 고무 주걱으로 가르듯이 섞어준다.

advice
> 버터와 달걀이 확실히 섞였는지(유화) 확인하고 달걀을 추가하세요.

advice
> 7~8단계 사이, 오븐은 '켜둔' 채로!

170℃
굽는 시간
20분

6

예열한 오븐을 170℃로 낮추고 **5**를 넣어 약 20분간 구운 후 오븐 팬째 꺼낸다. 가장자리에 연하게 구움색이 난 상태를 기준으로 삼으면 된다.

다 졸여졌는지 확인하는 방법
온도계가 없다면 얼음물에 아파레이유를 소량 떨어뜨려 구미 상태로 굳으면 OK! 금방 녹아 풀어진다면 좀 더 졸여주세요.

7

아파레이유를 만든다. 냄비에 아몬드를 제외한 모든 재료를 넣고 중불에 올려 온도계로 확인하면서 117℃가 될 때까지 졸인다. 불을 끄고 아몬드를 더해 내열 고무 주걱으로 섞는다.

각봉(142쪽)을 사용하면 일정한 두께로 밀 수 있어 편리해요

3
가루가 보이지 않으면 볼에 누르 듯이 미는 느낌으로 섞어 반죽을 한 덩어리로 만든다. 포슬포슬했 던 반죽이 덩어리 없이 매끈해지 면 반죽 완성.

advice
누르듯이 미는 작업은 10회 이 내로! 과하게 섞으면 반죽이 딱 딱한 식감으로 구워집니다.

4
비닐 랩으로 반죽을 감싸 냉장실에서 1시간 이 상 휴지한다.

5
반죽을 비닐 랩 두 장 사이에 넣 어 밀대로 5mm 두께, 22cm 정사 각형으로 민다. 냉장실에서 30분 휴지한 후, 타공 매트를 깐 오븐 팬에 올린다.

타공 매트가 없다면 피케를!
타공 매트(141쪽)를 사용하면 바닥 면이 뜨지 않아 반듯 하게 구워질뿐더러, 반죽 속 수분이 빠져 바삭바삭한 식 감으로 구워집니다. 타공 매트가 없다면 반죽 뒷면 전체 에 포크로 콕콕 찔러서 구멍을 낸 후(피케) 구워주세요.

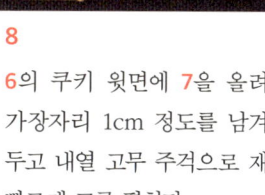

170℃ 굽는 시간 20~25분

굽는 시간은 구움색을 보면서 판단

8
6의 쿠키 윗면에 **7**을 올려 가장자리 1cm 정도를 남겨 두고 내열 고무 주걱으로 재 빠르게 고루 펼친다.

advice
이후 오븐에서 구우면 살짝 퍼지니 1cm 정도 남겨두세요.

9
170℃ 오븐에서 20~25분간 굽고, 타공 매 트째 식힘망 위에 올린다. 갓 구웠을 때는 아파레이유가 부드럽지만 식으면 굳는다.

10
따뜻할 때 뒷면이 위로 가게 뒤집어 가장자리를 1cm씩 잘라낸 후, 가로세 로 5등분으로 자른다.

advice
아파레이유 부분을 위쪽으로 두고 자르면 쉽게 부서집니다. 또한 식으 면 단단해져 예쁘게 잘리지 않으니 반드시 따뜻할 때 잘라주세요!

의외로 간단!
타르트 반죽을 마스터합시다

입안에서 바삭, 오도독 부서지는 타르트지는, 커스터드 크림은 물론 과일과도 궁합이 좋아 다양하게 응용할 수 있습니다.
일반적인 타르트틀이 아니라 바닥 면이 뚫린 타르트링(142쪽)과 타공 매트(141쪽)를 사용해서 구우면
훨씬 열도 잘 전달되고 통기성도 좋아 깜짝 놀랄 정도로 사각사각한 식감으로 완성되니 꼭 시도해보세요.

Surprisingly easy!
Let's master tart crust recipe.

타르트 반죽 만드는 법 (반죽 만들기~틀에 깔기)

재료 (지름 16cm 타르트링 1개 분량)

타르트 반죽

버터(무염) … 35g

슈거파우더 … 17g

소금 … 약간

전란 … 10g

A │ 박력분(에크리튀르) … 60g

　　아몬드가루 … 10g

덧가루 … 적당량

advice

> 버터는 손가락으로 눌렀을 때 쑥 들어갈 정도를 기준으로 삼으면 된다(온도는 20~23℃).

밑준비

• 버터와 전란은 실온 상태로 준비한다.

• A는 합쳐 체로 친다.

이 틀을 사용했어요

cotta 휘어짐 방지 링이 둘린 타르트링 160
안쪽 치수: 지름 16cm×높이 2cm

만드는 법

1

볼에 버터, 슈거파우더, 소금을 넣고 고무주걱으로 부드럽게 풀어 크림 상태로 만든다. 핸드믹서를 중속에 맞춰 고루 섞는다.

2

푼 전란을 2~3회로 나누어 넣고, 그때마다 핸드믹서로 고루 섞는다.

> 각봉(142쪽)을 사용하면 일정한 두께로 밀 수 있어 편리합니다

6

덧가루를 소량 뿌린 작업대에 올리고 밀대로 전체를 가볍게 두드려 부드럽게 만든다. 비닐 랩 두 장 사이에 반죽을 넣고 3mm 두께로 타르트링 크기보다 조금 더 크게 민다.

동그랗게 미는 요령

반죽 중심에서 상하좌우 그리고 대각선상으로 비스듬하게, 균등하게 힘을 주면서 밀대로 밉니다. 동그랗게 미는 게 힘들다면 5단계에서 평평한 원형으로 다듬어 휴지하면 훨씬 작업이 편해집니다.

쿠키는 입안에서 바로 부드럽게 바스러지는 식감이지만, 타르트지는 오독오독한 식감을 내기 위해
버터 온도는 20℃ 전후로 맞춥니다. 쿠키만큼 공기를 넣을 필요도 없습니다.
반죽이 녹으면 식감이 나빠지니, 혹 녹으면 바로 냉장실에 넣어 차게 굳힌 후 다시 작업을 진행하세요.

* 여기서는 타르트링에 반죽을 까는 법을 소개했지만, 바닥 면이 뚫리지 않은 타르트틀로 만들어도 됩니다(단, 9단계에서 피케합니다).

이 상태로
냉동보관 가능!

3
가루류(A)를 한 번 더 체를 치면
서 넣고 고무 주걱으로 가르듯이
섞어준다. 날가루가 보이지 않고
군데군데 덩어리가 뭉쳐 있으면
다음 단계로 진행한다.

4
볼에 누르듯이 미는 느낌으로 섞어 반죽을 한
덩어리로 뭉친다. 포슬포슬하던 반죽이 한 덩어
리로 뭉쳐지면 반죽 완성.

5
반죽을 비닐 랩으로 감싸고 냉장
실에서 1시간 이상 휴지한다.

advice
이 단계까지를 전날에 해두
고 이튿날 필링을 채우는 부
분부터 시작하는 식으로 이
틀에 걸쳐 작업해도 됩니다.

반죽이 작업대에 바로 닿지
않도록 아래에는 비닐 랩을
깔아두세요(6단계에서 사용한 비닐
랩을 재사용)

반죽이 녹아서 작업하기
어려울 때는 냉장실에 넣어
차게 굳히세요

7
비닐 랩을 깐 작업대에 타르
트링을 올리고 반죽을 밀어
넣는 느낌으로 얹는다.

타공 매트가 없다면 피케를!
구울 때 타공 매트(141쪽)를 깔면 바닥 면이 뜨
지 않아 반듯하게 구워질뿐더러, 반죽 속 수분
이 빠져 식감이 바삭해집니다. 타공 매트가 없
다면 9단계에서 반죽 뒷면 전체에 포크로 콕
콕 찔러서 구멍을 낸 후(피케) 구워주세요.

8
반죽을 바닥과 모서리 부분에 밀착시키면
서 밀어 넣는다(비닐 랩을 반죽 윗면에 씌워 작업
하면 반죽이 손에 묻지 않는다). 밀어 넣은 후, 냉
장실에서 1시간 휴지한다.

모서리 부분은 반죽이 잘 안 들어가
곤 합니다(그림 오른쪽). 반죽을 밀어 넣
는 요령은 타르트링 안쪽으로 반죽이
살짝 기울어질 정도로 넉넉하게 넣은
후 밀착시키는 것입니다(그림 왼쪽).

9
윗면을 칼로 밀어 자투리 반죽을 잘
라낸다. 타르트링 위로 밀대를 올려
굴리는 방법으로 잘라내도 된다.

advice

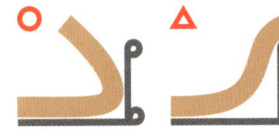

오렌지 크럼블 타르트

재료 (지름 16cm 크기 1개 분량)

타르트 반죽(86쪽) … 전량

아몬드 크림

버터(무염) … 45g

슈거파우더 … 45g

전란 … 45g

A | 아몬드가루 … 36g

   | 박력분 … 9g

크럼블(71쪽/굽기 전의 상태) … 1/3 분량

오렌지 슬라이스(시럽 절임·통조림) … 6장

피스타치오 … 적당량

밑준비

- 86~87쪽의 **1~5**단계를 참조해서 **타르트 반죽**을 만들고 냉장실에 보관한다.
- 크럼블은 사용하기 직전까지 냉장실에 보관한다.
- 버터와 전란은 실온 상태로 준비한다.
- A는 합쳐 체로 친다.
- 오렌지는 물기를 제거한다.
- 오븐은 굽기 15분 전에 190℃로 예열하기 시작한다.

만드는 법

각봉(142쪽)을 사용하면 일정한 두께로 밀 수 있어 편리합니다

1

86~87쪽 「타르트 반죽 만드는 법」의 **6~9**단계와 동일하게, **타르트 반죽**을 3mm 두께로 민 다음 타르트링에 밀착시키고 냉장실에 넣어 1시간 휴지한다.

advice

휴지하지 않고 구우면 다 구운 후 반죽이 수축합니다.

2

자투리 반죽을 한 덩어리로 뭉쳐 3mm 두께로 밀고 꽃 모양 틀로 10개 정도 찍는다 (장식용, 원하는 개수만큼). **1**과 함께 냉장실에 넣어 1시간 휴지한다.

6

오렌지 슬라이스를 보기 좋게 올리고, **5**에서 남겨 둔 아몬드 크림을 사진처럼 짠다. 가장자리에 크럼블을 올린다.

아몬드 크림을 바르는 이유는?
오렌지에 크럼블을 접착시키기 위해서예요. 아몬드 크림을 바르지 않고 구우면 틀을 움직일 때나 자를 때 크럼블이 훌훌 떨어져 나가거든요.

제가 가장 좋아하는 타르트예요. 오렌지 통조림을 사용하면 적당히 새콤달콤한 데다
선명한 색으로 구워져 예쁘기까지 하답니다. 크럼블 덕분에 기분 좋은 식감도 즐길 수 있어요.
장식용 꽃 모양 쿠키는 남은 반죽으로 구웠습니다.

3

아몬드 크림을 만든다. 볼에 버터와 슈거파우더를 넣고 고무 주걱으로 부드럽게 풀어 크림 상태로 만든다. 푼 전란을 6~8회로 나누어 넣고 그때마다 핸드믹서(중속)로 고루 섞는다.

4

가루류(A)를 한 번 더 체를 치면서 넣고 고무 주걱으로 가르듯이 섞어준다. 어느 정도 버터 속에 가루류가 분산되었다면 바닥에서 반죽을 크게 퍼 올려 뒤집듯이 섞는다.

5

1을 타공 매트(141쪽)를 깐 오븐 팬에 올리고, **4**를 짤주머니(깍지 없음)에 넣어 타르트 반죽 중앙에서부터 바깥쪽을 향해 소용돌이 모양으로 짠다. **6**단계에서 사용할 분량을 소량 남겨둔다.

180℃
굽는 시간
30~35분

170℃
굽는 시간
10분

7

예열한 오븐을 180℃로 낮추고 30~35분간 굽는다. 타르트링을 제거한 후, 타공 매트째 식힘망 위에 올려 한 김 식힌다.

8

계속해서 **2**의 꽃 모양 반죽을 170℃로 예열한 오븐에 넣어 약 10분간 굽고, 다 구워지기 2분 전에 피스타치오를 오븐 팬에 올려 함께 굽는다. 피스타치오는 식으면 잘게 다져 꽃 모양 쿠키와 함께 **7**에 장식한다.

맛있게 만드는 요령

비주얼로만 보면 어려워 보이지만 타르트 반죽만 만들어두면 나머지는 간단합니다. 장식용 꽃 모양 쿠키는 생략해도 됩니다. 다만 크럼블을 좋아하는 제 기준에서는 크럼블은 꼭 필요한 요소이니 생략하지 마시기를 바랍니다! 사용하고 남은 오렌지 슬라이스는 냉동할 수 있습니다. 101쪽 「농후한 오렌지 초콜릿 케이크」를 만들거나, 머핀 반죽에 올려 구워보세요.

Airio

arrange recipe

카나페풍
과일 타르트

간식이나 안주 삼아 한입에 먹을 수 있는
자그마한 크기로 응용했습니다.
틀에 찍어 굽기만 하면 되니 무척 간단해요.
제철 과일을 올리기만 해도 영롱하게 빛나는
메뉴로 완성된답니다.

재료 (지름 약 7cm 크기 9개 분량)

타르트 반죽(86쪽) … 전량

커스터드 크림

달걀노른자 … 18g(1개 분량)
그래뉴당 … 20g
바닐라빈 페이스트 … 3g
A	박력분 … 4g
	콘스타치 … 4g
우유 … 100g
버터(무염) … 10g

좋아하는 과일, 좋아하는 허브 … 각 적당량

밑준비

- 86~87쪽의 <u>1~5단계</u>를 참조하면서 **타르트 반죽**을 만들고, 냉장실에 휴지한다.
- 버터는 실온 상태로 준비한다.
- A는 합쳐 체로 친다.
- 오븐은 <u>굽기 15분 전에 180℃로 예열하기</u> 시작한다.
- 과일은 필요에 따라 먹기 좋은 크기로 자르고, 물기를 제거한다.

170℃
굽는 시간
15분

만드는 법

❶ 60~61쪽을 참조하면서 **커스터드 크림**을 만들고, 냉장실에서 식힌다.

❷ **타르트 반죽**을 비닐 랩 두 장 사이에 넣어 3mm 두께로 민다. 지름 약 7cm 크기의 틀(주름틀 또는 원형틀)로 9개 분량을 찍는다. 남은 반죽을 한 덩어리로 뭉쳐서 3mm 두께로 밀고, 있다면 작은 꽃 모양 틀로 장식용으로 쓸 9개 분량을 찍는다.

❸ 오븐 팬에 타공 매트(141쪽)를 깔고 ❷를 올린다(장식용인 작은 꽃 모양 반죽은 오븐 문 쪽에 가도록 앞줄에 올린다). 예열한 오븐을 170℃로 낮추고 오븐 팬을 넣어 약 15분간 구운 후, 식힘망 위에 올려 식힌다(장식용인 작은 쿠키는 다 구워지면 먼저 꺼낸다).

❹ ❶을 냉장실에서 꺼내 고무 주걱으로 부드럽게 풀고 짤주머니에 넣는다. ❸의 위에 동그랗게 짠다. 과일과 장식용 쿠키를 얹고 허브로 마무리한다.

advice

두께가 일정하지 않으면 고르게 구워지지 않으니 주의합시다. 각봉(142쪽)을 사용하면 일정한 두께로 밀 수 있습니다.

advice

커스터드 크림은 양이 많으면 과일을 올렸을 때 과일 무게로 삐져나오니 욕심내지 말고 적정량만 짜주세요.

카늘레

다 구운 후 한 김 식혀 꼭 드셔보세요. 겉은 바삭,
속은 쫀득한 절묘한 식감은 딱 이때뿐이거든요. 이튿날은
식감이 조금 바뀝니다. 구울 때 반죽이 틀 위로 올라오면
작업대에 내려치는 공정이 있는데, 이렇게 하는 이유는
반죽을 틀 바닥까지 내려가게 해 카늘레 윗면에 확실히
구움색을 내기 위해서예요.

Canelé

91

재료 (폭 약 5cm×높이 5.5cm 크기 6개 분량)

버터(무염) … 15g

우유 … 250g

바닐라빈 페이스트 … 5g

브라운슈거 … 35g

박력분(에크리튀르) … 65g

그래뉴당 … 70g

전란 … 32g

달걀노른자 … 18g(1개 분량)

럼주 … 20g

밑준비

- 볼에 알끈을 제거한 전란과 달걀노른자를 넣고 잘 풀어 실온 상태로 준비한다.
- 박력분은 체로 친다.
- 틀 안쪽에 오일 스프레이를 꼼꼼히 뿌린다[또는 실온에 두어 부드러워진 버터(무염·분량 외)를 바른다].
- 오븐은 굽기 20분 전에 오븐 팬째 230℃로 예열하기 시작한다.

＼ 이 틀을 사용했어요 ／

cotta 오리지널 카늘레틀 대형(6구)
1구당 안쪽 치수: 지름 5.3cm×높이 5.8cm

만드는 법

막이 생기지 않도록 고무 주걱으로 계속해서 저어주세요

1

28~29쪽 「고소한 풍미 피낭시에」의 1~2단계와 동일하게 태운 버터를 만들고, 냄비 바닥을 찬물에 담가 약 50℃까지 식힌다.

advice

2단계에서 우유를 넣을 때 태운 버터가 뜨거우면 냄비 밖으로 튈 수도 있으니 반드시 식혀서 넣어주세요!

2

용기에 우유를 담아 비닐 랩을 씌우고 전자레인지(600W)에서 약 1분 30초간 데운 후 **1**에 넣는다. 중간 불에 올려 내열 고무 주걱으로 계속 저어주면서 끓기 직전(약 90℃)까지 데우고 불을 끈다.

6

차 거름망으로 거른 후 표면에 밀착시키듯이 비닐 랩을 씌우고 냉장실에서 12시간 이상 휴지한다.

반죽은 반드시 12시간 이상 휴지할 것

박력분에 수분을 더해 섞으면 글루텐이 생기는데 이 상태에서 바로 구우면 과하게 부풀어 틀에서 삐져나옵니다. 반죽을 휴지하면 글루텐이 진정되어 덜 부풀고 카늘레 특유의 쫀득한 식감으로 구워집니다.

3

바닐라빈 페이스트, 브라운슈거를 넣어 저으면서 녹이고 60℃까지 식힌다.

4

박력분과 그래뉴당을 볼에 합쳐 거품기로 섞는다. **3**의 1/2 분량을 부어 잘 섞은 후 나머지를 넣고 섞는다.

5

달걀액을 넣고 잘 섞은 후 럼주를 넣는다.

60℃까지 식히는 이유

밀가루에 포함된 전분은 열이 가해지면 호화(풀 상태가 되는 것)되기 때문에 우유를 60℃까지 식힌 후 넣어주세요.

반죽 온도는 20℃ 이상 되는 것을 기준으로 삼으면 됩니다

220℃ 굽는 시간 **20분** ┈┈▶ **190℃** 굽는 시간 **30~40분**

굽는 시간은 총 50~60분 사이로, 구움색으로 판단!

통통 치기 전 | 통통 친 후

7

휴지한 후의 반죽은 걸쭉한 상태. 반죽을 실온에 1~2시간 둔 후 틀에 균등하게 붓는다.

advice

겨울철 등 실온에 두어도 반죽 온도가 올라가지 않을 때는 중탕으로 녹여도 됩니다.

8

예열한 오븐을 220℃로 낮추고 **7**을 넣어 약 20분간 구운 후, 190℃로 낮추고 30~40분 더 굽는다. 30분 가량 지났을 때 반죽이 틀에서 삐져나오는 경우(사진 왼쪽)는, 오븐에서 꺼내 틀을 작업대에 가볍게 통통 쳐서 반죽을 부었을 때의 높이 정도로 조정한 후(사진 오른쪽) 다시 오븐에 넣어 계속해서 굽는다. 다 구워지면 틀에서 꺼내 식힘망 위에 올려 한 김 식힌다.

틀을 통통 치는 이유는?

굽는 동안 반죽이 위로 올라와 틀 바닥 면에 닿지 않는 상태가 되면 표면에 구움색이 나지 않거나 겉이 바삭하게 구워지지 않습니다. 작업대에 치는 목적은 반죽을 다시 틀 바닥에 닿게 만드는 것입니다.

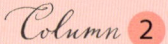
초콜릿 이야기

초콜릿은 종류가 다양합니다. 반죽에 넣기도 하고 과자 겉면에
코팅하기도 하지요. 각 용도에 따라 사용하는 방식에도 여러
노하우가 있답니다.

제과용 초콜릿을 사용합시다!

저는 과자를 만들 때 언제나 제과용 초콜릿을 사용합니다. 제과용
은 원재료에 거의 가까운 제품이라 혼합물이 적고 유분 또한 카카
오버터라 풍미가 깊습니다. 반면 판초콜릿은 쉽게 구할 수 있다는
이점이 있지만 바로 먹을 수 있도록 가공된 제품입니다. 식물성 기
름과 유화제 등을 섞어 매끄럽게 만들었기에 유분의 질이 다를뿐더
러 카카오의 풍미도 확연히 떨어집니다. 유분 등이 다르면 결과물
에 영향을 끼치기도 하므로 제과용을 사용하는 게 좋습니다.

제과용 초콜릿은 녹이기 쉬
운 작은 원형이나 주사위 모
양이 주류입니다. 직사광선
이 안 드는 15~22℃에서 보
관해주세요. 저는 여름철에
는 냉장실 채소칸에 넣어 보
관합니다.

중탕할 때는

초콜릿을 녹일 때는 중탕합니
다. 물 온도는 50~55℃를 기
준으로 삼으면 됩니다. 온도가
너무 높으면 유분이 분리되기
도 합니다. 또한 중탕하는 동
안 수분이나 증기가 초콜릿에
닿지 않도록 주의해주세요.

가나슈 만들기는 전자레인지로도

초콜릿만 전자레인지로 녹이는
건 몇 번씩 계속 확인해야 해서
적합하지 않지만, 소량의 가나
슈를 만들 때는 편리하기도 합
니다. 데워진 생크림 온도에 초
콜릿이 쉽게 녹기 때문에 냄비
로 녹이는 것보다 간편합니다.

템퍼링이란

초콜릿은 녹여서 그대로 굳히면 지방분이 표면에 하얗게 드
러나 보기에도 안 좋고, 식감도 나빠집니다. 코팅용으로 사
용할 경우는 초콜릿을 굳힐 때 온도조절을 하면서 안정적인
구조 상태로 만드는 과정인 템퍼링이 필요합니다. 중탕 물
에 올렸다가 내리는 등, 템퍼링은 난이도가 높기 때문에 이
책에서는 코팅용 초콜릿을 사용했습니다.

코팅용 초콜릿이 편리

템퍼링 필요 없음

템퍼링 작업은 어려울 뿐만 아니라
200g 이하로 만들 때는 실패할 확
률도 높습니다. 이를 해결해주는 것
이 바로 코팅용 초콜릿. 중탕으로
녹이기만 하면 되어서 소량으로 작
업할 때 특히 편리합니다(단, 여름철
에는 쉽게 녹으니 주의할 필요가 있습니
다). 사용하고 남은 초콜릿은 녹여서
재사용해도 됩니다.

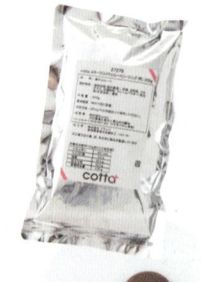

템퍼링의 편리한 아이템, 미크리오

템퍼링은 미크리오(카카오버터 파우더-옮긴이)를 사용하면 실
패할 일이 없습니다. 게다가 기쁘게도 100g부터 만들어도
됩니다. 초콜릿을 중탕으로 녹여 40~45℃가 된 걸 확인한
후 34℃까지 서서히 식히고 미
크리오를 넣습니다. 고루 섞으
면서 녹이고 33℃까지 온도가 내
려가면 템퍼링 완료. 코팅용 초
콜릿보다 풍미도 좋고 여름철에
도 덜 녹기 때문에 추천합니다.

PART

3

Special

난이도 약간 높음!
특별한 날의 케이크

생일이나 기념일, 이벤트 등 기쁜 날에 어울리는 특별한 케이크를 소개합니다.
케이크계의 정석인 딸기 데커레이션 케이크, 초콜릿이 주르륵 흐르는
드립 케이크, 물방울무늬의 라즈베리 무스 케이크 등, 귀여운 임팩트가 있는
케이크를 가득 실었습니다.

딸기 타르트

새콤달콤한 딸기, 깊이 있는 크림, 사각사각 타르트의 조합을
빼놓을 수 없지요. 비주얼이 호화스러워서 가족 생일 등
이벤트가 있는 날에 구워도 좋습니다.
과일을 바꾸는 등 자기만의 레시피로 응용해보세요.

재료 (지름 16cm 크기 1개 분량)

타르트 반죽(86쪽) … 전량

아몬드 크림

   버터(무염) … 40g

   슈거파우더 … 40g

   전란 … 40g

   A | 아몬드가루 … 32g

       | 박력분 … 8g

라즈베리(냉동) … 40g

커스터드 크림

   달걀노른자 … 18g(1개 분량)

   그래뉴당 … 20g

   바닐라빈 페이스트 … 3g

   B | 박력분 … 4g

       | 콘스타치 … 4g

   우유 … 100g

   버터(무염) … 10g

생크림(유지방 성분 42%) … 40g

딸기 … 14~15개

마무리용 크림

   생크림(유지방 성분 42%) … 60g

   연유(가당) … 12g

밑준비

• 86~87쪽 1~9단계를 참조하면서 **타르트 반죽**을 만들고
  타르트링에 깐 후 냉장실에서 1시간 휴지한다.

• A, B는 각각 체로 친다.

• 오븐은 굽기 15분 전에 190℃로 예열하기 시작한다.

• 짤주머니를 3개 준비하고, 2개에는 원형 깍지(지름 1cm)를
  끼운다.

* cotta 휘어짐 방지 링이 둘린 타르트링 160을 사용했어요(86쪽과 동일).

Strawberry tart

만드는 법

타르트 반죽을 굽는 동안 만들어도 돼요

나머지 아몬드 크림은 다음 단계에서 사용할 거예요

1

60~61쪽을 참조해서 **커스터드 크림**을 만들고, 냉장실에서 식힌다.

2

89쪽 「오렌지 크럼블 타르트」의 **3~4**단계와 동일하게 **아몬드 크림**을 만들고, 짤주머니(깍지 없음)에 넣는다. 타공 매트(141쪽)를 깐 오븐 팬 위에 타르트링째 반죽을 올리고 아몬드 크림 100g을 소용돌이 모양으로 짠다.

115쪽 샌드용보다 단단하게

5

생크림 40g을 담은 볼 바닥에 얼음물을 대고 핸드믹서를 중속에 맞춰 뿔이 단단하게 설 때까지 휘핑한다.

6

커스터드 크림을 볼에 넣어 고무 주걱으로 잘 풀고, **5**를 더해 가르듯이 고루 섞는다(크렘 디플로마트 완성).

advice

이 단계에서는 완전히 섞이지 않고 마블 무늬 상태여도 괜찮아요! 짤 때 자연스레 섞입니다.

7

원형 깍지를 끼운 짤주머니에 **6**을 넣고 **4**의 윗면에 중앙에서부터 소용돌이 모양으로 짠다. 가장자리 2~3cm는 짜지 않는다. 중앙에 딸기를 하나 올리고 그 주위로 올리는 딸기는 약간 안쪽으로 기울어지게끔 배치한다.

advice

가장 바깥쪽 딸기는 반으로 잘라 올렸는데, 이 부분은 사용하는 딸기 크기에 따라 조절해주세요.

3

중앙을 비워두고 언 상태의 냉동 라즈베리를 간격을 두고 올린다. 나머지 아몬드 크림을 라즈베리를 숨기듯이 짠다.

advice

라즈베리가 타지 않도록 아몬드 크림을 올립니다. 펼치지 않아도 괜찮아요! 구우면 자연스레 펼쳐집니다.

4

예열한 오븐을 180℃로 낮추고 3을 넣어 약 30분간 굽는다. 타르트링을 제거한 후, 타공 매트째 식힘망 위에 올려 식힌다.

5단계보다 부드럽게

가장자리를 비워두는 이유는?

마지막에 휘핑크림으로 데커레이션할 공간을 남겨두기 위해서입니다. 그리고 딸기를 올리면 딸기 무게로 크렘 디플로마트가 옆으로 살짝 퍼지기 때문입니다.

8

볼에 **마무리용 크림** 재료를 넣어 5와 동일하게 휘핑하고, 들어 올렸을 때 뿔이 부드럽게 휘는 농도로 만든다(짜는 용/115쪽). 원형 깍지를 끼운 짤주머니에 넣어 7의 딸기 가장자리에 동그랗게 짠다.

맛있게 만드는 요령

적은 인원이어도 다 먹을 수 있도록 타르트는 16cm 크기로 만들었습니다. 아몬드 크림 속에는 라즈베리를 숨겨두어 맛이 강조되게끔 활용했어요. 과일을 푸짐히 올린 타르트는 냉장실에서 1~2시간 차게 굳혀 크림을 안정시킨 후 잘라주세요. 이때 중앙의 딸기는 잠깐 덜어내고 자르는 게 좋아요 (일정한 두께로 자르는 요령은 143쪽의 「과자 만들기 Q&A」를 참조).

Airio

타르트의 다양한 응용법

타르트 위에 올리는 과일과 휘핑크림의 모양을 바꾸면 또 다른 인상을 주는 타르트로 만들 수 있어요.

블루베리 타르트

98~99쪽 「딸기 타르트」의 1~6단계까지는 동일하게 만든다(3단계에서 라즈베리를 생블루베리로 바꿔도 된다). 7단계와 동일하게 크렘 디플로마트를 소용돌이 모양으로 짠다. 생크림(유지방 성분 42%) 150g에 연유(가당) 30g을 넣고 뿔이 부드럽게 휘는 농도로 휘핑한 다음(짜는 용/115쪽), 타르트 가장자리에서부터 중심을 향해 동그랗게 짠다. 크림과 크림 사이에 블루베리 적당량을 장식하고 민트가 있다면 올려서 마무리한다.

제과점에서 파는 것 같은 과일 타르트

98~99쪽 「딸기 타르트」의 1~6단계까지는 동일하게 만든다(윗면에 생라즈베리를 장식할 경우, 3단계의 라즈베리는 생라즈베리여도 된다). 7단계와 동일하게 크렘 디플로마트를 소용돌이 모양으로 짠다. 딸기와 사과, 거봉, 샤인머스캣, 라즈베리 등 좋아하는 과일을 먹음직스럽게 올린다. 있다면 처빌과 초코 장식(120쪽 「빙글빙글 초콜릿」)을 올려도 귀엽다.

＊ 사진 속 타르트는 주름 타르트틀로 구웠지만,
지름 16cm 타르트링으로도 동일하게 만들 수 있습니다.

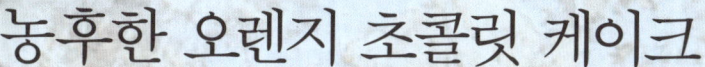

농후한 오렌지 초콜릿 케이크

Rich orange chocolate cake

오렌지의 산뜻함과 초콜릿의 묵직한 여운이 함께 느껴져 물림 없이
먹을 수 있는 맛입니다. 재료를 순서대로 넣어 섞기만 하면 반죽 완성.
결코 실패할 수 없는 간단한 레시피로 멋스러운 디저트가 손쉽게
완성되니 지인들에게 선물하거나 여럿이 나눠 먹기 좋습니다.

재료 (지름 15cm 원형틀 1개 분량)

제과용 커버추어 다크초콜릿 … 100g

버터(무염) … 60g

우유 … 25g

전란 … 110g(2개 분량)

그래뉴당 … 50g

A　박력분 … 25g
　　코코아파우더(무가당) … 25g
　　베이킹파우더 … 1.5g

토핑

　오렌지 슬라이스(88쪽/시럽 절임·통조림) … 6장
　피칸(혹은 호두) … 10알
　피스타치오 … 3알

밑준비

- 전란은 실온 상태로 준비한다.
- A는 합쳐 체로 친다.
- 피칸은 160℃에서 6분간 굽는다.
- 틀 바닥과 측면에 테프론시트(또는 유산지)를 깐다.
- 오븐은 굽기 15분 전에 오븐 팬째 190℃로 예열하기 시작한다.

\ 이 틀을 사용했어요 /

TC 알루미늄 재질 원형틀
안쪽 치수: 지름 15cm×높이 5.8cm

만드는 법

1

오렌지는 키친타월 위에 올려 물기를 제거한다.

advice

생오렌지는 과즙이 많아 책 속 사진처럼 구워지지 않으니 반드시 시럽에 절인 오렌지를 사용해주세요.

2

작은 볼에 초콜릿과 버터를 넣는다. 우유를 전자레인지(600W)에서 약 30초간 따뜻하게 데운 후 작은 볼에 넣어 중탕으로 초콜릿과 버터를 녹인다.

advice

중탕 온도는 50~55℃를 기준으로 삼으면 됩니다.

6

7에서 오렌지 올릴 위치를 가늠하면서 피칸 5알을 반죽 위에 올려 살짝 누른다.

피칸을 올리는 이유

오렌지를 반죽 위에 올렸을 때 무게 때문에 가라앉으면 반죽에 덮여 예쁘게 구워지지 않으니, 먼저 피칸을 반죽에 집어넣어 오렌지가 가라앉지 않게끔 합니다.

오렌지는 약간 포개져도 됩니다!

7

피칸 위에 오렌지 5장을 올리고(중앙은 비워둔다), 오렌지 사이사이에 피칸 5알을 보이게끔 얹는다.

advice

반죽이 잘 익게끔 가운데는 굽는 중간에 오렌지를 올립니다.

3

다른 볼에 전란과 그래뉴당을 넣고 거품기로 설탕이 녹을 때까지 섞는다. 2를 넣고 계속해서 섞는다.

4

가루류(A)를 한 번 더 체를 치면서 넣고 날가루가 보이지 않을 때까지 섞는다.

5

틀에 붓는다.

측면까지 예쁘게 구우려면…

유산지는 반죽 수분을 빨아들여 주름이 생기기 쉽기에(또한 매번 자르는 것도 귀찮습니다), 틀에 까는 것은 테프론시트를 추천합니다. 바닥도 측면도 반지르르 예쁘게 구워집니다.

180℃
굽는 시간
45~50분

8

예열한 오븐을 180℃로 낮추고 7을 넣어 약 20분간 구운 뒤 중앙에 오렌지 1장을 올린다. 계속해서 25~30분간(합계 45~50분) 굽고 다 구워지기 2분 전에 피스타치오를 오븐 팬에 올려 함께 굽는다.

9

틀에서 꺼내 식힘망 위에 올려 한 김 식힌다. 충분히 식으면 피스타치오를 갈아 장식한다.

advice

잘 익었는지는 나무 꼬치로 찔러 확인하면 됩니다. 반죽이 묻어나오지 않으면 다 구워진 것입니다.

맛있게 만드는 요령

식감은 촉촉하면서 가볍게, 그러면서 다 구워졌을 때의 토핑도 돋보이게끔 굽는 방식을 몇 번이나 수정했습니다. 물론 정사각틀로 구워도 됩니다. 지름 15cm 정사각틀이라면 레시피와 같은 분량으로 구울 수 있습니다. 180℃에서 약 30분간 구우면 됩니다(표면적이 넓어 열이 고루 전달되어 빨리 구워집니다).

Airio

휘 섞어서 굽기만 하면 끝!
간단한 가토 쇼콜라

「농후한 오렌지 초콜릿 케이크」 반죽을 머핀틀로 굽는
아주 간단한 응용 레시피입니다.
기호에 따라 생크림을 곁들여도 좋아요.

재료 (지름 6.3cm 머핀틀 6개 분량)

제과용 커버추어 다크초콜릿 … 100g

버터(무염) … 60g

우유 … 25g

전란 … 110g(2개 분량)

그래뉴당 … 50g

A │ 박력분 … 25g
　│ 코코아파우더(무가당) … 25g
　│ 베이킹파우더 … 1.5g

슈거파우더 … 적당량

밑준비

• 전란은 실온 상태로 준비한다.

• A는 합쳐 체로 친다.

• 틀에 머핀컵을 깐다.

• 오븐은 굽기 15분 전에 오븐 팬째 190℃로
　예열하기 시작한다.

180℃
굽는 시간
24분

만드는 법

❶ 102~103쪽 「농후한 오렌지 초콜릿 케이크」
만드는 법 **2~4**와 같은 방법으로 반죽을 만
든다. 짤주머니(깍지 필요 없음)에 넣어 틀에 균
등하게 채운다(사진).

❷ 예열한 오븐을 180℃로 낮추고 ❶을 넣
어 약 24분간 굽는다.

❸ 틀에서 꺼내 식힘망 위에 올려 한 김 식
힌다. 충분히 식으면 슈거파우더를 뿌린다.

＊ cotta 수직 머핀틀 대(6구)를 사용했어요(11쪽과 동일).

짤주머니를 사용하면
틀을 더럽히지 않고 깨끗하게
채울 수 있어요

한 번에 다 먹을 수 있는 크기라 밸런타인데이에 선
물하기도 좋다.

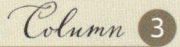

크기가 다른 틀로 굽는 법

레시피 속 과자를 집에 있는 틀로 굽고 싶을 때도 있지요.
틀 용량이 다를 때는 아래처럼 계산하면 틀에 맞는 분량을 계산할 수 있습니다.

예컨대 슬림 파운드틀로 굽고 싶다면…

이 책에서 사용한 **파운드틀(S)**

용량 500ml

슬림 파운드틀

파운드틀(S)

슬림 파운드틀

① 두 가지 틀의 용량을 각각 구한다

기준이 되는 틀(레시피에서 사용)의 용량과 굽고 싶은 틀의 용량을 구합니다. 가로세로 길이와 높이로 계산할 수 있지만, 틀에 물을 채워서 재면 간단해요! 즉, 물의 양=용량입니다.

* 틀 모퉁이로 물이 샐 수도 있으니 모퉁이에 테이프를 붙인 후 트레이 등에 올려 계량해주세요.

저울 TARE 기능을 사용하면 수월! (저울에 용기를 올린 후 버튼을 누르면 0g으로 표시되며, 순수 재료의 무게만 측정할 수 있는 기능을 말합니다—옮긴이)

② 비율을 계산한다

굽고 싶은 틀 용량과 레시피에서 사용한 틀 용량의 비율을 계산합니다. 여기서는 파운드틀(S)이 500ml, 슬림 파운드틀이 700ml 이므로 오른쪽처럼 됩니다.

굽고 싶은 틀의 용량

기준이 되는 틀의 용량

여기서는 **700** ÷ **500** = **1.4**

③ 각각의 재료를 계산한다

레시피 재료 항목에 ②에서 계산한 숫자(여기서는 1.4)를 곱해, 굽고 싶은 틀에서 필요한 분량을 계산합니다. 틀 모양과 용량이 바뀌면 굽는 시간도 바뀌므로, 굽는 시간은 오븐 속 반죽 상태를 보면서 조절해주세요.

「위크엔드 시트론」을 슬림 파운드틀로 굽는 경우

재료		기준량	배율		결과
버터(무염)		65g	× 1.4	=	91g
그래뉴당		54g	× 1.4	=	75.6g
전란		65g	× 1.4	=	91g
A	박력분	52g	× 1.4	=	72.8g
	아몬드가루	13g	× 1.4	=	18.2g
	베이킹파우더	1.3g	× 1.4	=	1.8g
레몬필		30g	× 1.4	=	42g
레몬 껍질 … 1/2개 분량		레몬 표면적의 약 70% 분량			

* 반죽 재료만 표기했습니다. 베이킹파우더는 소수점 둘째 자리의 수가 4 이하라면 버리고 5 이상이라면 올림하세요.

Weekend citron

위크엔드 시트론

'주말에 소중한 사람과 함께 먹는 케이크'라는 게
이 케이크 이름의 유래라고 해요(다른 설도 있음).
상쾌한 레몬 향, 글라스 아 로의 파사삭 부서지는
식감이 특징입니다.
베이스는 파운드케이크이니 부디 가벼운
마음으로 도전해보세요.

재료 (16cm×6.5cm×높이 6cm 파운드틀 1개 분량)

버터(무염) … 65g

그래뉴당 … 54g

전란 … 65g

A │ 박력분 … 52g

　 │ 아몬드가루 … 13g

　 │ 베이킹파우더 … 1.3g

레몬필(다진 것) … 30g

레몬 껍질 간 것 … 1/2개 분량

글라스 아 로

　 │ 슈거파우더 … 60g

　 │ 레몬즙 … 12g

피스타치오(있다면) … 적당량

밑준비

• 버터와 전란은 <u>실온 상태로 준비한다.</u>

• A는 합쳐 체로 친다.

• 틀에 유산지(또는 테프론시트)를 깐다(34쪽 참조).

• 오븐은 굽기 15분 전에 오븐 팬째 <u>180℃로 예열하기</u>
　시작한다.

• 피스타치오는 잘게 다진다.

advice

버터는 손가락으로 쑥
들어가는 정도가 기준
(온도는 20~23℃).

＼ 이 제품을 사용했어요 ／

cotta 레몬필
완숙 레몬 껍질 설탕절임. 5mm 크기로
잘려 있어 잘게 다지지 않아도 되니 무척
편리합니다. (용량 200g)

＊ 마츠나가 제작소 양철 파운드 S를 사용했어요(34쪽과 동일).

만드는 법

버터에 공기를
가득 넣어주세요!

유분과 수분이
섞여 유화된 상태

1

볼에 버터와 그래뉴당을 넣고 고무 주걱으로 부드럽게 풀어 크림 상태로 만든다. 핸드믹서로 바꿔 중속~고속에 맞춰 뽀얗게 될 때까지 섞는다.

2

전란을 푼 후 10회 정도로 나누어 넣고 그때마다 고루 섞어 유화시킨다.

advice

반드시 버터와 달걀이 균일하게 섞인 후에 달걀을 추가로 넣을 것.

> **달걀을 나누어 넣는 이유는…**
>
> 유분과 수분은 잘 섞이지 않기 때문에 달걀 양이 많으면 분리되고 마는데, 이 상태에서 작업을 진행하면 잘 부풀지 않을뿐더러 식감도 나빠집니다. 달걀은 소량씩 넣고, 그때마다 잘 섞어 유화시키는 것이 중요합니다.

170℃
굽는 시간
35분

식히는 법은 37쪽
9단계와 동일

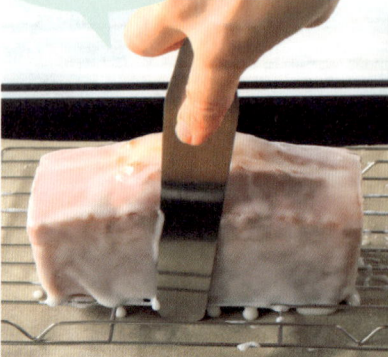

작업은 재빠르게!

6

예열한 오븐을 170℃로 낮추고 **5**를 넣어 약 35분간 굽는다. 틀을 약 10cm 높이로 들어 올려 작업대 바닥에 떨어뜨려서 틀 속의 뜨거운 증기를 뺀 후, 틀에서 꺼내 식힘망 위에 올려 한 김 식힌다.

advice

34쪽 「바닐라 파운드케이크」에서는 칼집을 내지만, 여기에서는 표면을 글라스 아 로로 코팅하기 때문에 그 작업은 하지 않아도 됩니다.

7

글라스 아 로의 재료를 잘 섞는다.

8

유산지를 깐 오븐 팬에 내열 망을 올리고 **6**을 얹는다. **7**을 골고루 붓고 스패출러 등으로 측면에도 균일하게 바른다(작업 전에 오븐을 200℃로 예열하기 시작한다).

advice

케이크는 반드시 식힌 상태에서 글라스 아 로를 입혀주세요. 확실히 식히지 않으면 구운 후에 글라스 아 로가 습기를 먹어 눅눅해집니다.

완성된 반죽은
윤기가 있어요

3

가루류(A)를 한 번 더 체를 치면
서 넣고 처음에는 고무 주걱으로
가르듯이 섞어준다.

advice

버터 속에 가루류를 분산시키
는 느낌으로 섞습니다.

4

날가루가 안 보이면 레몬 껍질과 레몬필을 넣
는다. 바닥에서 반죽을 퍼 올려 뒤집듯이 40회
정도 섞어 매끄러운 상태로 만든다.

5

반죽을 틀에 담고 표면을 고르게
정돈한다. 틀을 들어 올려 작업대
바닥에 몇 회 가볍게 쳐서 공기를
뺀다.

200℃
굽는 시간
1~2분

내열 망째
구워요!

굽기 전

구운 후

9

윗면에 일렬이 되도록 피스타치오를 장식한다.
200℃로 예열한 오븐에 1~2분간 넣어 글라스
아 로를 건조시킨다. 망째 꺼내 한 김 식힌다.

advice

글라스 아 로는 열이 가해지면 주르
륵 흐르게 됩니다. 오븐에 들어가는
크기의 망이 없다면 유산지를 깐 오
븐 팬 위에 올려 구운 후 유산지째 식
힘망에 올려 식혀주세요.

보관 요령

글라스 아 로는 설탕옷을 말합니다. 케이크와
쿠키 표면에 입힌 후 오븐 열기로 말리면 맛과
식감, 외관에 즐거운 악센트가 됩니다.
단, 비닐 랩을 착 달라붙게 감싸 보관하면
글라스 아 로가 벗겨지므로 주의해야 합니다.
표면이 완전히 마르면 여유 있게 비닐 랩을
감싸고 지퍼락에 넣어 보관해주세요(보관
기간은 상온에서 4~5일).
또한 글라스 아 로는 습기에 아주 약합니다.
다만 건조제는 케이크 반죽의 수분도 빼앗기
때문에 권하지 않습니다.
에탄올 휘산제(136쪽)를 추천해요.

Airio

활용도 높은 시트!
제누아즈를 마스터합시다

데커레이션 케이크의 기본은 제누아즈(스펀지 케이크)!
입에 넣으면 사르르 녹아버리는 폭신폭신한 식감으로 구울 수 있도록 노하우를 자세히 설명해두었어요.
제누아즈를 완성도 있게 구우면 제과점에서 파는 듯한 무스 케이크(131, 134쪽)도 만들 수 있답니다.

Various uses!
Let's master sponge cake recipe.

제누아즈 만드는 법

재료 (지름 15cm 원형틀 1개 분량)

전란 … 110g(2개 분량)
그래뉴당 … 60g
박력분(슈퍼 바이올렛) … 60g
우유 … 20g
미강유(또는 샐러드유) … 20g

밑준비

- 전란은 실온 상태로 준비한다.
- 박력분은 체로 친다.
- 틀 바닥과 측면에 테프론시트(또는 유산지)를 깐다.
- 오븐은 굽기 15분 전에 오븐 팬째 180℃로 예열하기 시작한다.

advice

유산지는 수분과 증기에 약해 쉽게 구겨지기에 결과물에 주름이 생기기도 합니다. 테프론시트는 그런 걱정이 없으니 되도록 테프론시트를 사용해주세요.

* TC 알루미늄 재질 원형틀을 사용했어요(102쪽과 동일).

만드는 법

달걀을 따뜻하게 데우면 거품 내기 쉬워요!

1

우유와 미강유를 용기에 넣어 중탕하고, 사용하기 직전까지 50℃로 유지한다.

advice

반죽과 섞을 때 유지류와 우유가 차가우면 아래로 가라앉아 섞기 어렵기 때문에 따뜻하게 유지해야 합니다.

2

전란과 그래뉴당을 넣은 볼을 중탕 물에 올린 후, 핸드 믹서(저속)로 섞으며 그래뉴당을 녹이면서 36~38℃까지 데운다.

덜 섞인 부분이 없도록 주의!

5

박력분을 한 번 더 체를 치면서 넣고 고무 주걱으로 바닥에서 퍼 올려 섞는다. 반죽을 크게 퍼 올려 뒤집는다는 느낌으로 날가루가 보이지 않을 때까지 약 40회 섞는다.

박력분을 체 쳐 공기를 넣는다

밑준비 단계에서 한 번 체를 치지만, 반죽에 넣을 때도 한 번 더 체를 쳐서 밀가루 속에 공기를 넣는 것이 중요합니다. 체를 치지 않고 넣으면 균일하게 섞기 어려워 과하게 섞게 되어 기포가 꺼지는 요인이 됩니다.

기한 내에 다 먹을 수 있는 맛있는 크기인 15cm 제누아즈(스펀지 케이크)입니다.
이 책에서는 전란을 중탕한 후 휘핑하는 '공립법(달걀흰자와 노른자를 함께 휘핑하는 제법을 말합니다.
반대로 흰자와 노른자를 분리해서 휘핑하는 제법을 별립법이라 합니다-옮긴이)'으로 소개합니다.

확실히 공기를
넣는 것이 중요!

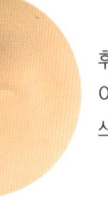

휘핑 후 완성된 반죽은
이쑤시개를 꽂아도
쓰러지지 않는 정도!

저속으로 섞는 이유는?
고속으로 거품을 내면 꺼지기
쉬운 큰 기포가 가득 생깁니
다. 속도를 저속으로 낮춰 휘
핑하면 기포가 분화되어 비교
적 단단한 작은 기포로 변해
기공이 조밀해집니다.

3
중탕을 멈추고 고속으로 거품을
낸다. 뽀얗고 묵직하면서 반죽을
떨어뜨렸을 때 8자가 그려지는 정
도면 된다.

4
중속으로 약 2분간 거품을 낸다. 저속으
로 낮춰 한 곳당 약 10초씩 휘핑하면서
한 바퀴 빙 돌려 결을 정리한다.

advice

2~4단계 마무리하는 데까지
걸리는 휘핑 시간은 약 7분

이 상태가 기준

6
5의 한 주걱 분량을 1에 넣어 고루 섞는다. 이 반죽을
5의 볼에 빙 두르면서 다시 넣는다.

먼저 한 주걱 분량을 넣어 섞는 이유는?
유지류와 우유를 합친 1과 휘핑한 반죽은 서로 상태가 달라 잘 섞이지 않기
때문에, 1에 휘핑한 반죽 일부를 넣어 서로 비슷한 상태가 되게끔 만드는 겁
니다. 이렇게 해서 다시 5의 볼에 넣으면 분리되지 않게 잘 섞을 수 있어요.

7
5와 동일하게 바닥에서 퍼 올려
40~50회 섞는다. 고무 주걱으로
퍼 올렸을 때 리본 모양으로 천천
히 떨어지고, 자국이 희미하게 남
는 상태가 되면 반죽 완료.

170℃
굽는 시간
27분

떨어뜨리는 건
1회면 충분!

8

반죽을 틀에 붓고, 작업대 바닥에 2회 정도 친다. 예열한 오븐을 170℃로 낮추고 약 27분간 굽는다.

9

틀째 약 10cm 높이로 들어 올려 작업대 바닥에 떨어뜨려서 틀 속의 뜨거운 증기를 뺀다. 틀에서 꺼내 식힘망 위에 거꾸로 뒤집어 올린다. 한 김 식으면 위아래를 다시 뒤집고 마르지 않게 비닐봉지에 넣어둔다.

> **틀째 작업대에 떨어뜨리는 이유는?**
>
> 구운 후 반죽이 수축하는 것을 막기 위해서예요. 케이크 속에 뜨거운 증기가 가득 남아 있으면 증기를 머금은 반죽 자체의 무게로 반죽이 꺼지게 되거든요.

남은 제누아즈 활용법

제누아즈는 냉동할 수 있습니다(자른 상태는 물론, 홀 크기 그대로도 가능). 무스 케이크용으로 만들기 위해 틀로 찍고 남은 자투리 반죽은 트라이플로 만들거나, 강판에 갈아 케이크 크림(제누아즈를 체에 간 것으로, 크림을 바른 케이크 위에 뿌려 장식용으로 사용합니다~옮긴이)으로 활용해도 됩니다. 케이크 크림은 요거트나 아이스크림에 토핑하는 것 외에도 아래처럼 활용할 수 있어요.

냉동할 때는 마르거나 냄새가 배지 않도록 비닐 랩으로 감싸고 냉동용 지퍼락에 넣어 공기를 뺀 후 보관!

케이크 크림을 활용한
미모자 케이크

「스쿱 레어 치즈 케이크」의 치즈 반죽을 원통 모양으로 만든 무스 띠(케이크 띠, 페트 띠라고 부르기도 합니다~옮긴이) 안에 부어 넣은 후 냉동한다. 냉동한 치즈 반죽을 나파주용 농도로 휘핑한 생크림으로 코팅하고 케이크 크림을 뿌린다. 냉장실에 2~3시간 넣어 해동하고 취향껏 과일을 올려 장식한다.

생크림 휘핑하는 법

디저트에 따라 휘핑하는 농도가 다르니 이 페이지에서 휘핑하는 법과 용도별 농도를 확인해주세요!

＊ 유지방 성분이 35% 이하인 제품으로 휘핑하면 나중에 부드러워져서 모양이 유지되지 않고 45% 이상이면 분리되기 쉬우니 42%를 추천합니다.

무스용

거품기를 들어 올렸을 때 걸쭉하게 주르륵 흐르면서 아래에 쌓여 자국이 생겼다가 천천히 사라지는 상태. 이 단계 이후부터는 금방 단단해지니 주의하면서 진행합시다.

맛있게 만드는 요령

반죽에 버터를 넣는 레시피도 있지만,
이번에는 다양한 케이크로 응용하기 위해
미강유로 만들었습니다.
덕분에 식어도 폭신한 식감이 오래도록
유지되고 약간 산뜻한 맛으로 구워집니다.
제누아즈를 실패하게 되는 주된 원인은
기포가 꺼질까 두려운 마음에 덜 섞은
상태로 굽는 것.
가루류가 충분히 섞이지 않으면 제누아즈
결이 거칠어지고 퍼석해집니다.
기포가 너무 많이 남아 있어도 다 구운 후
반죽이 수축하는 원인이 되므로 상태를 잘
확인하면서 섞어주세요.

Airio

일정한 두께로 자르는 요령

제누아즈를 데커레이션 케이크용으로 사용할 때는 상온에
하루 두었다 자르면 반죽이 안정되어 작업하기 좋습니다.
케이크용 나이프(또는 빵칼)를 앞뒤로 움직이며 자릅니다.
구움색이 난 윗면과 아랫면은 5mm 정도 잘라내세요.

삐뚤빼뚤 잘리지
않게 각봉(142쪽)을
사용!

재료

사용하기 직전까지
냉장실에 넣어둔다

생크림(유지방 성분 42%)
그래뉴당과 연유(가당)
* 분량은 레시피에 맞춰 준비

재료를 담은 볼 바닥을 얼음물에 대
고 핸드믹서를 저속~중속으로 맞춰
휘핑한다. 온도가 높으면 퍼석퍼석
한 식감이 되기에 차게 유지하는 게
중요하다. 완성 농도가 되기 조금 전
단계에서 거품기로 바꿔 조절한다.

반드시 얼음물에
받쳐 온도를 차게
유지하면서!

나파주용	짜는 용	샌드용

나파주용
거품기를 들어 올렸을 때 아슬아슬
멈추는 농도. 볼의 생크림은 보송보
송한 상태입니다. 제누아즈에 바르
다 보면 조금씩 굳어지기에 일부러
조금 무른 상태로 완성합니다.

짜는 용
거품기를 들어 올렸을 때 뿔이 부드럽
게 휘는 상태. 짤주머니에 넣어 짜다 보
면 조금씩 단단해집니다.

샌드용
크림이 단단해지고 뿔이 뾰족하게 서는
상태. 참고로 커스터드 크림에 넣어 섞
을 때는 이보다 아주 조금 더 단단하게
휘핑합니다.

* '나파주'란 케이크 표면에 크림을 일정하게 펴 바르는 작업을 말합니다.

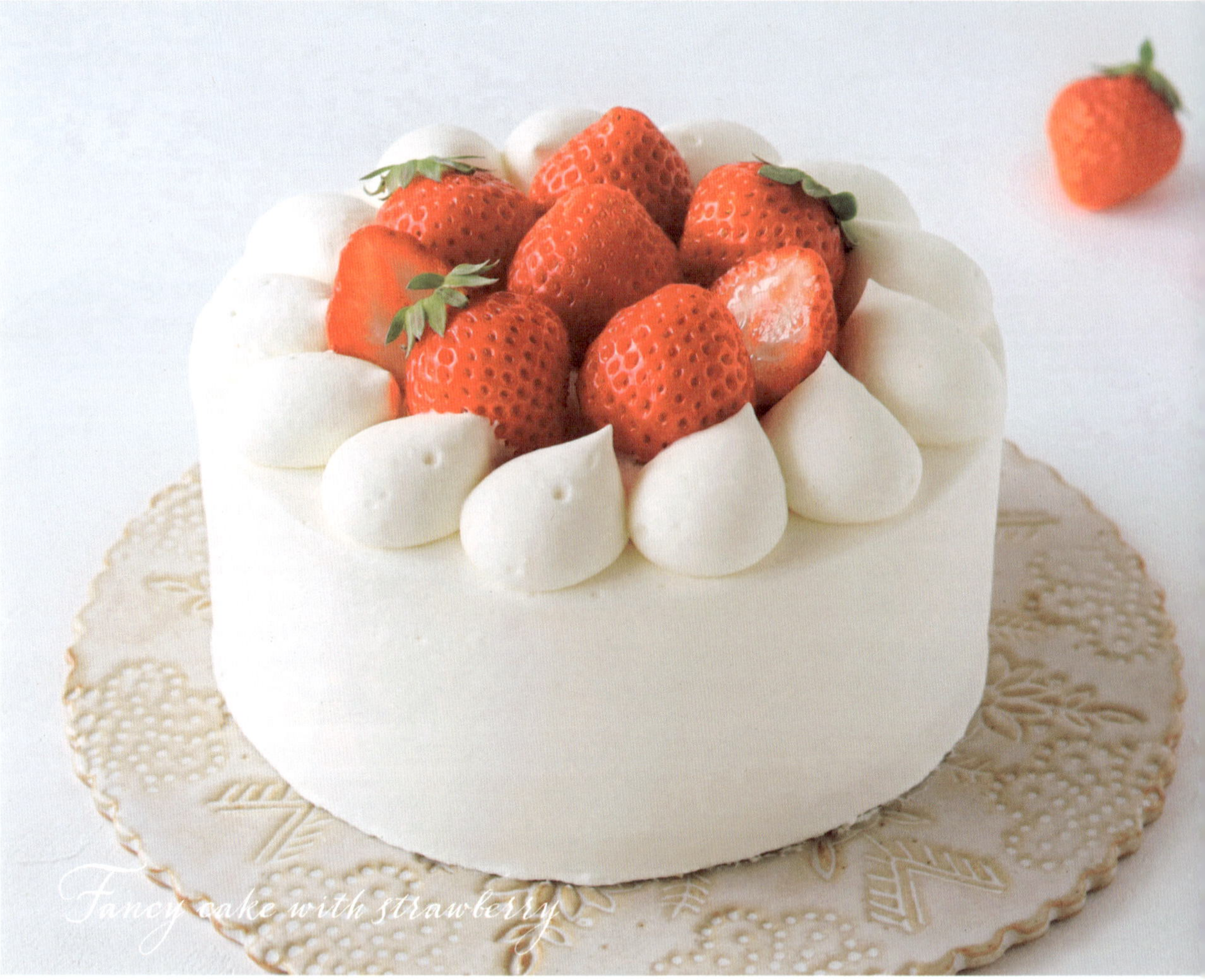
Fancy cake with strawberry

만드는 법 케이크 자르기

A
B
C

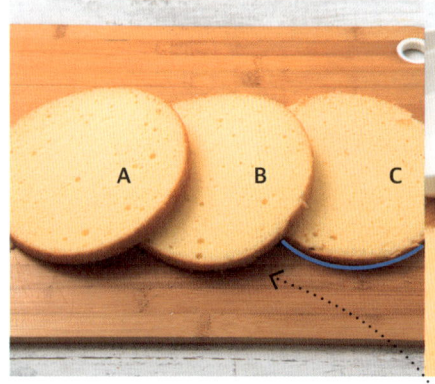

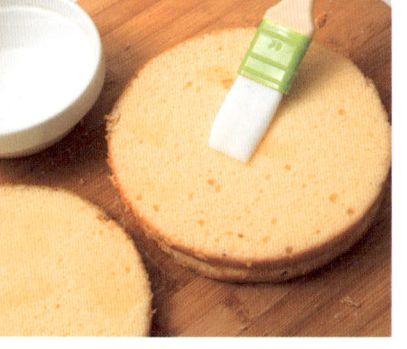

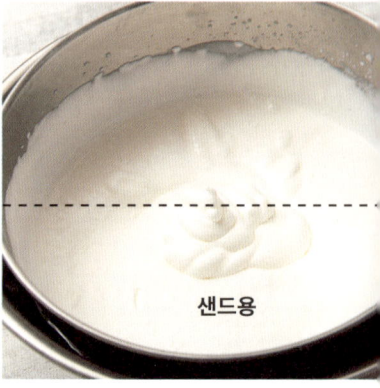

1

제누아즈는 구움색이 난 윗면과 아랫면을 5mm씩 잘라내고 이어서 1.3cm 두께로 잘라 세 장을 만든다.

advice

상중하 순서가 바뀌지 않도록 주의!

생크림+연유

그래뉴당뿐만 아니라 연유를 더해 휘핑하면 밀키함이 한층 더 레벨업! 농밀하지만 부드러운 단맛이 나는 밀키한 크림으로 완성됩니다.

휘핑크림 만들기

샌드용

2

볼에 **마무리용 크림**의 재료를 넣어 바닥에 얼음물을 대고 휘핑한다(115쪽). 나파주용 농도가 되기 바로 직전에 볼을 가로로 이등분한 절반 분량만 좀 더 휘핑해 샌드용 농도로 만든다.

정석! 딸기 데커레이션 케이크

생일이나 크리스마스에 만들고 싶어지는 것은 역시 딸기 케이크!
연유를 넣은 밀키한 크림을 듬뿍 사용하되 심플하게 꾸몄습니다.
첫 도전일지라도 맛있고 예쁘게 만들 수 있게끔 세세한 부분까지 노하우를 가득 실어 해설했습니다!

재료 (지름 15cm 크기 1개 분량)

제누아즈(112쪽) … 1개

딸기 … 18~20개

시럽

그래뉴당 … 10g

물 … 20g

키르슈 … 10g

마무리용 크림

생크림(유지방 성분 42%) … 300g

연유(가당) … 30g

그래뉴당 … 12g

밑준비

- **시럽**을 만든다. 내열 용기에 그래뉴당과 물을 담아 비닐 랩을 씌우고 전자레인지(600W)에서 약 30초간 가열해 그래뉴당을 녹인다. 한 김 식으면 키르슈를 넣어 사용하기 직전까지 식힌다.
- 딸기는 장식용으로 6~7개 남겨두고, 나머지는 샌드용으로 5mm 두께로 자른다.
- 짤주머니에 원형 깍지(지름 1.3cm)를 끼운다.

advice

제누아즈는 전날 굽는 게 좋아요. 구운 당일에는 식어도 반죽은 아직 부드러워 자르기 어렵습니다.

이 정도가 샌드용 농도!

샌드하기

크림은 바깥으로 삐져나와도 괜찮아요!

C

가장자리는 1cm 정도 비워두세요

볼 안에서 구역을 나눈다

생크림은 계속 얼음물에 받쳐두어야 하니 두 볼로 나누어 작업하면 볼이 총 네 개가 필요합니다. 하지만 생크림은 휘핑하면 꽤 단단해지므로 앞쪽과 뒤쪽 두 구역으로 나누어 휘핑 농도를 구분해 작업하면 의외로 간단하게 완성할 수 있습니다.

3

1의 제누아즈 **C**의 바닥 면(파란 선)이 위로 가게끔 돌림판에 올린다. 샌드용 크림을 거품기로 두 번 퍼서 올리고 스패출러로 평평하게 펴 바른다. 중앙과 가장자리 1cm 정도를 비워두고 샌드용 딸기를 올린다.

중앙을 비워두는 이유는?

케이크를 자를 때 중앙에 딸기가 있으면 자르기 어렵기 때문입니다. 그리고 차곡차곡 쌓다 보면 무게에 눌려 옆으로 퍼지기 때문에 가장자리 1cm 정도를 비워두고 나열합니다.

스패출러는 케이크
면과 수평이 되도록!

4

샌드용 크림을 두 번 퍼서 올리고
돌림판을 돌리면서 스패출러로
평평하게 펴 바른다. 딸기가 대강
메워지면 된다.

5

1의 제누아즈**A**를 올린다.

advice

자른 딸기는 높이가 일정하지 않아
크림으로 완전히 가리려고 하다 보면
크림이 너무 많아질 때도 있습니다.
딸기와 딸기 빈틈에 크림이 메워지면
딸기가 조금 보여도 괜찮습니다.

6

3~4단계와 동일하게 샌드용 크림
을 펼친 후 딸기를 얹고, 그 위에
샌드용 크림을 올려 평평하게 펴
바른다.

advice

크림을 평평하게 펼치다 보면 스패
출러에 크림이 묻는데, 이를 매번
닦아내서 항상 깨끗한 상태의 스패
출러로 매끈하게 정리하세요.

데커레이션 하기

부족하다면 그때마다
크림을 추가한다

몇 번이나 과하게 다듬으면
표면이 퍼석퍼석해지므로
주의!

이게 짜는 용 농도!

10

스패출러를 측면에 대고 돌림판을 9와는 역방향으로
돌리면서 삐져나온 크림을 일정하게 펴 바른다. 윗면
에서 삐져나온 부분을 스패출러로 바깥에서 중심을
향해 몇 회로 나누어 매끈하게 정리하고, 냉장실에 30
분가량 넣어둔다.

기본 아이싱과 본격 아이싱
여기까지가 기본 아이싱입니다. 냉장실에서 크림을 안
정시킨 후 다시 한번 **9~10**단계를 반복하면 훨씬 더 예
쁘게 완성할 수 있습니다(본격 아이싱).

11

나머지 마무리용 크림을 거품기
를 이용해 짜는 용 농도로 휘핑한
후(115쪽) 짤주머니에 넣는다.

advice

아래에 떨어진 크림은 케
이크 바닥에 스패출러를
집어넣어 돌림판을 돌리
면서 정리합니다.

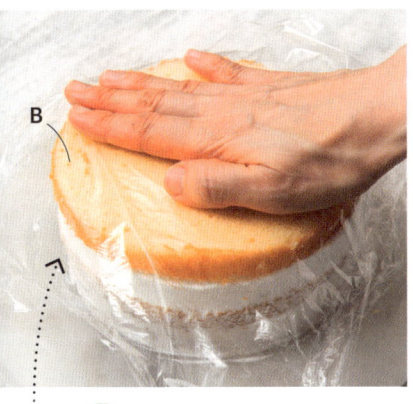

이게
나파주용
농도!

7

1의 제누아즈**B**를 얹고 손바닥으로 가볍게 눌러 크림과 딸기, 제누아즈를 밀착시킨다. 측면으로 크림이 삐져나오면 그때마다 스패출러로 측면에 펴 바른다.

advice

측면에 크림이 삐져나온 채로 두면 윤곽을 알아보기 어려워 다른 층 제누아즈랑 수직으로 맞추기 어려워집니다.

8

거품기로 2의 남은 마무리용 크림을 나파주용 농도로 만든다(115쪽).

9

7의 위에 나파주용 크림을 듬뿍 올리고 돌림판을 한 방향으로 돌리면서 스패출러로 윗면을 매끈하게 펴 바른다. 크림은 측면에 흐르는 정도로 삐져나와도 된다.

advice

딸기를 먼저 올리면 케이크를 옮기면서 떨어뜨릴 수도 있어요. 하지만 그릇에 케이크를 옮긴 후에 딸기를 올리면 떨어뜨릴 걱정을 하지 않아도 된답니다.

12

10의 윗면 바깥쪽에 크림을 물방울 모양으로 한 바퀴 짠다. 1, 2, 3 숫자를 세는 리듬으로 짜고, 마지막 3에서 깍지를 케이크 안쪽을 향해 움직여 크림을 끊으면 물방울 모양이 된다.

13

스패출러를 케이크 바닥에 집어넣어 살짝 들어 올려준다. 틈이 생긴 공간에 손을 넣고 스패출러와 함께 케이크를 들어 올려 그릇으로 이동한다. 중앙에 딸기를 올린다.

맛있게 만드는 요령

냉장실에 4~5시간 두면 제누아즈에 시럽과 크림이 스며들어 더욱더 맛있어집니다.
차게 식히면 크림도 안정되어 자르기 쉽다는 장점도 있지요.

Airio

119

데커레이션으로 대활약!

초콜릿 장식 만드는 법

초콜릿은 녹이면 다양한 형태로 세공할 수 있습니다.
케이크에 장식하는 타입과 다쿠아즈나 쿠키 등에 활용하는 작은 조각을 소개합니다.

* 초콜릿 종류는 취향에 맞춰 준비

빙글빙글 초콜릿

밑준비

• OPP시트를 폭 4cm, 길이 약 20cm(원하는 길이로 조절)로 잘라 바트 뒷면에 테이프로 고정한다.

• 키친타월 심지에 OPP시트(상기 시트와 별도)를 두른다.

초콜릿이 뜨거우면 선이 사라지므로 끝부분에 살짝 그어서 상태를 확인하세요!

❶ 코팅용 초콜릿 30g을 중탕으로 녹여 바트 뒷면의 OPP시트 위에 펼친다. 비뚤게 그어지지 않도록 자를 옆에 두고 삼각칼 스크레이퍼로 반듯하게 줄을 긋는다.

❷ 초콜릿이 약간 굳기 시작하면 초콜릿 면이 안쪽으로 가게끔 키친타월 심지에 돌려 냉장실에서 10~15분간 차게 굳힌다. OPP시트째 심지에서 떼어낸 후 안쪽, 바깥쪽 순으로 시트를 천천히 벗긴다.

하트 플레이트

밑그림 없이 그려도 돼요! 하트 안에는 좋아하는 무늬를 채워 넣어보세요

바트 뒷면에 OPP시트를 고정한다. 코팅용 초콜릿을 중탕으로 녹이고 코르네에 넣어 하트 모양으로 짠다. 하트 안쪽을 채우듯이 초콜릿을 짜고, 냉장실에서 10~15분간 차게 굳힌다. OPP시트를 바트에서 떼어내고 초콜릿 윗면이 아래로 가게 둔 후 시트를 천천히 벗긴다.

원형 플레이트

선과 선의 사이가 어느 정도 채워져 있어야 잘 부서지지 않아요

바트 뒷면에 OPP시트를 고정한다. 코팅용 초콜릿을 중탕으로 녹이고 코르네에 넣어 시트 위에 원을 그리면서 광범위하게 짠다. 냉장실에서 5분간 두고 굳어갈 때쯤 꺼내, 원형 쿠키커터로 찍어 냉장실에서 10분간 차게 굳힌다. 벗기는 법은 「하트 플레이트」와 같다.

꽃과 미니 하트

쿠키와 다쿠아즈에 장식해도 좋아요(초콜릿을 소량 녹여 붙여주세요)

바트 뒷면에 OPP시트를 고정한다. 코팅용 초콜릿을 중탕으로 녹이고 코르네에 넣어 시트 위에 꽃과 하트 모양이 되도록 짜고, 냉장실에서 10~15분간 차게 굳힌다. OPP시트를 바트에서 떼어내고 초콜릿 윗면이 위로 가게 둔 후 시트 아래에 손가락을 넣어 위로 밀어내듯 떼어낸다.

드립 케이크

주르륵 흘러내리는 초콜릿이 인상적인 케이크.
제누아즈는 코코아 반죽으로, 크림은 초콜릿 풍미로 응용했습니다.

Drip cake

121

재료 (지름 15cm 크기 1개 분량)

전란 … 115g

그래뉴당 … 60g

박력분(슈퍼 바이올렛) … 52g

미강유(또는 샐러드유) … 20g

코코아파우더(무가당) … 8g

우유 … 25g

시럽

> 그래뉴당 … 10g
>
> 물 … 20g
>
> 키르슈 … 10g

초콜릿 크림

> 제과용 커버추어 다크초콜릿 … 80g
>
> 생크림(유지방 성분 42%) … 40g+320g

드립 초콜릿

> 제과용 커버추어 다크초콜릿 … 20g
>
> 생크림(유지방 성분 42%) … 30g

딸기(작은 크기) … 24~26개

밑준비

- 전란은 실온 상태로 준비한다.
- 박력분은 체로 친다.
- 틀 바닥과 측면에 테프론시트(또는 유산지)를 깐다.
- 오븐은 굽기 15분 전에 오븐 팬째 180℃로 예열하기 시작한다.
- 117쪽 「정석! 딸기 데커레이션 케이크」의 밑준비와 동일하게 **시럽**을 만든다.
- 딸기 12개를 장식용으로 따로 두고, 나머지는 샌드용으로 5mm 두께로 자른다.
- 짤주머니에 원형 깍지(지름 1.3cm)를 끼운다.

* TC 알루미늄 재질 원형틀을 사용했어요(102쪽과 동일).

만드는 법

1

용기에 미강유와 체 친 코코아파우더를 넣고 고루 섞는다. 우유를 전자레인지(600W)에서 20초간 데운 후 미강유와 코코아파우더를 섞어둔 용기에 조금씩 부어 넣으면서 고루 섞고 50℃로 유지한다.

advice

> 코코아파우더는 오일에 잘 녹기 때문에 박력분에 섞어 체 치는 것보다 미강유에 섞는 편이 덜 덩어리집니다.

2

112~113쪽 「제누아즈 만드는 법」의 2~7단계와 동일하게 반죽을 만든다(6단계에서 한 주걱 분량을 1에 넣어 잘 섞는다).

이 정도가 샌드용 농도!

6

나머지 초콜릿 크림을 116쪽 「정석! 딸기 데커레이션 케이크」의 2단계와 동일하게 휘핑하고, 샌드용 농도로 만든다(115쪽 짜는 용과 샌드용의 중간).

7

117~119쪽 「정석! 딸기 데커레이션 케이크」의 3~10단계와 동일하게 만들고, 냉장실에 20분가량 넣어둔다.

advice

> 초콜릿을 넣는 크림은 분리되기 쉬울 뿐더러 기존의 생크림보다 바를 때 쉽게 굳어버리기 때문에 115쪽 기준보다 더 부드럽게 만들어 사용합니다.

샌드용

데커레이션용

3

114쪽 「제누아즈 만드는 법」의 8~9 단계와 동일하게 170℃ 오븐에서 약 27분간 굽고, 틀에서 꺼내 한 김 식힌다. 완전히 식으면 116쪽 「정석! 딸기 데커레이션 케이크」의 1 단계와 동일하게 3장으로 자르고, 시럽을 바른다.

4

초콜릿 크림을 만든다. 초콜릿은 중탕으로 녹인 다. 용기에 생크림 40g을 넣고 비닐 랩을 씌워 전자레인지(600W)에서 약 30초간 데운다. 초콜 릿이 담긴 볼에 넣고 고무 주걱으로 잘 섞는다. 나머지 생크림 320g을 몇 회 나누어 넣고 그때 마다 고루 섞는다.

5

4에서 100g을 데커레이션용으로 따로 덜어둔다.

> **생크림을 나누어 넣는 이유**
>
> 처음에 넣는 생크림을 데우는 이유는 초콜릿이 굳지 않게 만들기 위해서입니다. 그 후 넣는 생크림도 양이 많으면 초콜릿이 굳을 수도 있으니 나누어 넣습니다.

주르륵 흐르는 상태가 기준. 온도는 27~28℃

8

드립 초콜릿을 만든다. 볼에 초콜릿을 담아둔다. 용기에 생크림을 담고 비닐 랩을 씌워 전자레인지(600W)에서 약 20초간 데운 후 초콜릿이 담긴 볼에 붓는다. 중탕 물에 올려 초콜릿을 녹이면서 섞고, 숟가락으로 떴을 때 사진처럼 흐르는 묽기로 완성한다.

9

7의 윗면 가장자리에서 측면을 향해 드립 초콜릿을 숟가락으로 떨어뜨린 다. 돌림판을 돌려 위치를 바꿔가며 한 바퀴 빙 두른다.

advice

> 업기기 전에 케이크틀을 바 닥이 위로 가게 둔 후 드립 초콜릿을 떨어뜨려서 묽기 를 확인하면 더 좋아요.

10

5에서 남겨둔 초콜릿 크림을 거품기로 짜는 용 농도로 만들고(115쪽의 짜는 용보다는 조금 더 부드럽게 완성한다), 짤주머니에 넣는다. 119쪽 「정석! 딸기 데커레이션 케이크」의 12~13단계 와 동일하게 짜고, 딸기를 얹는다.

123

Swiss roll

폭신폭신
생크림 롤케이크

폭신폭신한 반죽과 밀키한 크림이 입에
넣자마자 순식간에 사라집니다.
제누아즈가 마른 상태에서 말면 갈라지므로
잘 식히는 것도 포인트입니다.

재료 (27.5cm×21.5cm×높이 1.8cm 롤케이크 팬 1개 분량)

전란 ⋯ 140g

그래뉴당 ⋯ 50g

박력분(슈퍼 바이올렛) ⋯ 45g

우유 ⋯ 20g

미강유(또는 샐러드유) ⋯ 12g

마무리용 크림

　생크림(유지방 성분 42%) ⋯ 150g

　연유(가당) ⋯ 30g

밑준비

• 전란은 실온 상태로 준비한다.

• 박력분은 체로 친다.

• 롤케이크 팬에 종이(크라프트지)를 2장 깔고
　테프론시트(또는 유산지)를 깐다.

• 오븐은 <u>굽기 15분 전에 200℃로 예열하기</u>
　시작한다.

까는 종이 네
귀퉁이에 칼집을 넣고
틀에 까세요

advice

바닥은 구움색이 나기 쉬워 크라프트지와 테프론
시트로 삼중으로 깔아 열이 가해지는 걸 줄입니
다. 이렇게 해도 구움색이 진하게 난다면 크라프
트지 아래에 A4용지 두 장을 추가로 깔아보세요.

테프론시트를 까는 이유는?

테프론시트는 수분이나 증기로 인해 구겨져 반죽에 주
름이 질 일도 없고, 바닥도 반지르르 예쁘게 구워집니
다. 테프론시트는 새것일 때보다는 어느 정도 사용한 후
가 더 예쁘게 구워집니다.

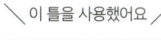
이 틀을 사용했어요

vivian 감수 cotta 직사각형 롤케이크 팬(소)
안쪽 치수: 27.5cm×21.5cm×높이 1.8cm

만드는 법

몇 번씩 다듬지 말고
한 번 정도로만!

190℃
굽는 시간
12분

손가락으로 가볍게
눌렀을 때 탄력이
있으면 다 구워진 것

1

112~113쪽 「제누아즈 만드는 법」의 **1~7**단계
와 동일하게 반죽을 만든다(배합은 다르지만,
순서는 같다).

2

롤케이크 팬에 반죽을 붓고 스크레이퍼를
이용해 표면을 다듬는다. 오븐 팬 바닥을
작업대 바닥에 가볍게 몇 회 쳐서 큰 기포
를 없앤다.

3

예열한 오븐을 190℃로 낮
추고 **2**를 넣어 약 12분간 굽
는다. 롤케이크 팬을 약 5cm
높이에서 작업대 바닥에 떨
어뜨려 틀 속의 뜨거운 증기
를 뺀다. 틀에서 꺼내 골판지
에 올려 측면 종이만 벗긴다.
한 김 식으면 크라프트지로
덮어준다.

advice

끝부분에 바르는 크림은
접착제 역할을 합니다.

이때만큼은 대담하게!
단숨에 빙글빙글 마세요

6

4를 스패출러로 전체에 펴 바른
다. 끝부분인 단면 1/3 정도에도
얇게 바른다.

7

크라프트지째 앞쪽을 가볍게 들어 올려 끄트머
리를 누르면서 심을 만들고, 종이째 단숨에 안쪽
을 향해 반죽을 굴리듯이 만다.

advice

미끄럼 방지 매트를 깔면
말기 편해요.

> **말기 시작하는 부분은 도톰하게, 끝부분은 얇게**
> 크림은 다 말았을 때 중심부가 가장 볼륨이 있게
> 끔 말기 시작하는 부분은 크림을 도톰하게 발라
> 펍니다. 끝부분은 크림이 많으면 말 때 삐져나오
> 기 때문에 얇게 발라야 합니다.

이 정도가
샌드용 농도!

3단계 때 사용한
크라프트지를 재활용

advice
구울 때 이중으로 깐 종이 중 한 장을 재활용했습니다.

식힘망보다 골판지
식힘망에 올리면 망 자국이 생겨버립니다. 골판지는 통기성이 좋아 바닥 쪽 증기도 어느 정도 잘 빠져나가기에 추천합니다. 크라프트지로 덮는 이유는 마르지 않게 하기 위해서예요.

4
볼에 **마무리용 크림**의 재료를 넣어 바닥에 얼음물을 대고 단단하게 뿔이 설 때까지 휘핑한다(샌드용/115쪽).

advice
크림을 단단하게 휘핑하지 않으면 제누아즈를 말 때 형태를 롤 상태로 유지할 수 없습니다.

5
크라프트지와 테프론시트를 제거하고 구움색이 난 면이 아래로 가게끔 크라프트지 위에 올린다. 말기 시작하는 부분부터 절반까지 1cm 간격으로 얕게 칼집을 넣고, 끝부분은 사선으로 잘라낸다.

칼집을 넣는 이유와 사선으로 잘라내는 이유
칼집을 넣으면 말 때 겉면이 갈라지지 않습니다. 또한 끝부분을 사선으로 자르면 끄트머리까지 잘 말려 동그랗게 고정하기 쉽습니다.

양쪽 끝 지름이
비슷한지
확인하세요

8
끝부분이 바닥으로 향하게 두고, 옆에서 봤을 때 숫자 9를 가로로 눕힌 모양이 되게끔 종이 위에서 모양을 다듬는다. 긴 자를 갖다 대고 아래 종이를 내 몸쪽으로 당겨준다. 냉장실에서 30분 이상 차게 굳혀서 크림을 단단하게 만든다.

advice
케이크 자르는 법은 143쪽 「과자 만들기 Q&A」를 참조해주세요.

맛있게 만드는 요령
롤케이크나 제누아즈는 폭신한 식감이 생명이지요.
그래서 저는 제과용 '슈퍼 바이올렛'을 사용합니다.
같은 박력분이어도 상품에 따라 특징이 다른데 이 슈퍼 바이올렛은 단백질 함유량이 적어, 폭신하면서 볼륨감 있게 구워집니다.
평소에 사용하는 일반 박력분과 차이가 또렷하게 나니 꼭 한번 그 차이를 느껴보세요.

Airio

검은 숲 롤케이크

독일에서 인기 있는 체리 케이크입니다.
체리로 만드는 증류주인 '키르슈'도 향을 입히기 위해
결코 빼놓을 수 없는 재료입니다.

190℃
굽는 시간
12분

재료 (27.5cm×21.5cm×높이 1.8cm 롤케이크 팬 1개 분량)

전란 … 140g

그래뉴당 … 50g

박력분(슈퍼 바이올렛) … 40g

미강유(또는 샐러드유) … 12g

코코아파우더(무가당) … 5g

우유 … 23g

필링

A ┃ 다크 체리(시럽 절임·통조림) … 25개
 ┃ 다크 체리 통조림 액 … 75g
 ┃ 그래뉴당 … 15g

키르슈 … 10g

시럽

┃ 그래뉴당 … 5g
┃ 물 … 10g
┃ 키르슈 … 5g

마무리용 크림

┃ 생크림(유지방 성분 42%) … 150g
┃ 연유(가당) … 30g

키르슈 … 5g

밑준비

• 전란은 실온 상태로 준비한다.

• 박력분은 체로 친다.

• 125쪽 「폭신폭신 생크림 롤케이크」와
 동일하게 롤케이크 팬에 크라프트지 2장과
 테프론시트(또는 유산지)를 깐다.

• 오븐은 굽기 15분 전에 200℃로 예열하기
 시작한다.

• **시럽**을 만든다. 내열 용기에 그래뉴당과 물을
 담아 비닐 랩을 씌우고 전자레인지(600W)에서
 약 20초간 가열해 그래뉴당을 녹인다. 한 김
 식으면 키르슈를 넣어 사용하기 직전까지
 식힌다.

만드는 법

❶ 필링을 만든다. 체리와 A를 냄비에 넣어 한소끔 끓인다. 보
관 용기에 옮겨 담고 한 김 식으면 키르슈를 넣어 냉장실에 하
룻밤 넣어둔다(사진 **a**).

❷ 용기에 미강유와 체 친 코코아파우더를 넣고 고루 섞는다.
우유를 전자레인지(600W)에서 20초간 데운 후 미강유와 코코
아파우더를 섞어둔 용기에 조금씩 부어 넣으면서 고루 섞고
50℃로 유지한다.

❸ 112~113쪽 「제누아즈 만드는 법」의 **2~7**단계와 동일하게 만
든다(**6**단계에서 한 주걱 분량을 ❷에 더해 고루 섞는다).

❹ 126~127쪽 「폭신폭신 생크림 롤케이크」의 **2~3**단계와 동일하
게 굽고, 꺼내 식힌다.

❺ 볼에 **마무리용 크림**의 재료를 넣어 바닥에 얼음물을 대고 샌
드용 농도로 단단하게 휘핑한 후(115쪽) 키르슈를 더해 섞는다.

❻ ❹를 구움색이 난 면이 위로 가게끔 크라프트지 위에 올린
다. 말기 시작하는 부분부터 절반까지 1cm 간격으로 얇게 칼
집을 넣고, 끝부분은 사선으로 잘라낸다. **시럽**을 바른다.

❼ 「폭신폭신 생크림 롤케이크」의 **6**단계와 동일하게 ❺의 크림을
펴 바른다. ❶의 체리액을 꽉 짜고 반으로 잘라 3열로 나열한
다(사진 **b**).

❽ 「폭신폭신 생크림 롤케이크」의 **7~8**단계와 동일하게 말고, 냉
장실에 넣어 30분 이상 차게 굳힌다. 데커레이션은 취향껏.

끓인 후 식히면 단맛이
깊이 배입니다

말기 시작하는 부분에서 4cm,
중간지점, 중간지점에서 5cm
띄운 위치에 나열합니다

a

b

맛있게 만드는 요령

키르슈로 만든 시럽을 발라 풍부한 향과 촉촉한 케이크로 완성했습니다.
사진은 휘핑크림, 체리(통조림), 초콜릿 장식(120쪽 「원형 플레이트」)으로
꾸몄지만, 제철에는 생 아메리칸 체리로 장식해보세요.

Airio

Vanilla mousse cake with strawberry

프레지에풍 바닐라 무스 케이크

무스 띠를 사용하면 제과점 과자처럼 귀여운 케이크를 만들 수 있습니다.
샤인머스캣으로 만들어도 산뜻한 색감으로 멋스럽게 완성할 수 있답니다.

재료 (지름 6cm, 높이 6cm 크기 6개 분량)

제누아즈(112쪽/1cm 두께로 자른 것) … 3장

딸기(작은 크기) … 18~20개

시럽

　그래뉴당 … 10g

　물 … 20g

　키르슈 … 10g

무스 반죽

　판젤라틴 … 4g

　달걀노른자 … 36g(2개 분량)

　그래뉴당 … 40g

　바닐라빈 페이스트 … 3g

　우유 … 160g

　생크림(유지방 성분 42%) … 100g

마무리용 크림

　생크림(유지방 성분 42%) … 80g

　연유(가당) … 16g

밑준비

• 젤라틴은 얼음물에 넣어 불린다.
• 117쪽 「정석! 딸기 데커레이션 케이크」의
　밑준비와 동일하게 **시럽**을 만든다.
• 짤주머니를 2개 준비하고, 하나에는
　원형 깍지(지름 1cm)를 끼운다.

만드는 법

> 2장이 1세트. 총 6개,
> 즉 12장을 찍는다!

> 무스 띠는 둘레 20cm,
> 높이 5cm인 것을 사용

1

딸기는 측면용으로 8~9개를 1~2mm 두께
로 통썰기하고, 단면이 예쁜 부분을 사용
한다(자르고 남은 자투리는 무스 안에 넣는 용으로).
장식용 딸기 3개는 세로로 반을 자르고, 남
은 딸기는 큼직하게 썬다(무스 안에 넣는 용).

advice

딸기가 두꺼우면 무스
띠가 동그랗게 잘 말리
지 않기 때문에 1~2mm
두께가 베스트!

2

제누아즈는 지름 6cm인 무스틀로 12장을
찍는다. 자투리 반죽을 사용하면 제누아즈
1장당 4개가 나온다. 윗면과 아랫면에 붓으
로 **시럽**을 가볍게 바르고 6개를 나열해 무
스 띠를 두르고 테이프로 고정한다.

마르지 않게 비닐 랩으로 덮어 냉장실에 넣어두세요

3

무스 띠 안쪽에 통썰기한 딸기를 한 바퀴 빙 두르고 사용하기 직전까지 냉장실에 넣어둔다.

4

무스 반죽을 만든다. 볼에 달걀노른자와 그래뉴당을 넣고 거품기로 고루 섞는다. 냄비에 우유를 넣어 끓기 직전(약 90℃)까지 데운 후, 볼에 우유의 2/3 분량을 넣고 바닐라빈 페이스트를 더해 고루 섞는다.

advice

냄비 바닥에 막이 생기지 않도록 냄비에 우유를 조금 남겨둡니다.

체에 거르면 매끄러워져요

5

볼의 반죽을 체에 거르면서 우유가 담긴 냄비에 넣는다.

8단계 농도와 맞춰 고루 섞이게끔 합니다

9

다른 볼에 생크림 100g을 넣고 볼 바닥에 얼음물을 대면서 무스용 농도로 휘핑한다(114쪽).

10

9를 8에 넣고 되도록 기포가 꺼지지 않게 고무주걱으로 바닥에서 크게 퍼 올리면서 섞는다. 퍼 올렸을 때 주르륵 흐르면서 자국이 약간 남는 정도의 농도가 되면 반죽 완성.

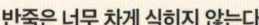

반죽은 너무 차게 식히지 않는다!
끊기듯 떨어지는 경우는 반죽이 단단해서 **11**단계에서 딸기 사이사이를 고루 메우지 못합니다. **8**단계에서 온도가 너무 낮아지지 않는 게 중요합니다.

측면용으로 자르고 남은 조각도 여기로!

11

반죽을 짤주머니(깍지 없음)에 넣고, 3의 측면 딸기와 딸기 빈틈을 채우듯이 짜 넣는다. 큼직하게 썬 딸기와 측면용으로 자르고 남은 자투리 조각을 균등하게 넣는다(1개당 약 12g). 나머지 제누아즈로 덮고 비닐 랩을 씌워 냉장실에서 약 3시간 차게 굳힌다.

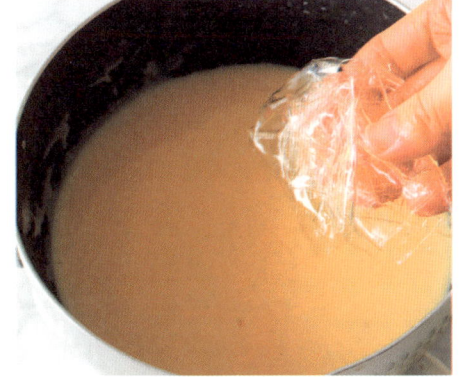

6

약한 불에 올려 내열 고무 주걱으로 계속해서 저어주면서 약 82℃까지 데운 후 불을 끄고 그대로 식힌다.

7

60℃ 정도로 식으면 물기를 제거한 젤라틴을 넣어 섞으면서 잔열로 녹인다.

8

체에 걸러 볼에 넣는다. 볼 바닥에 얼음물을 대고 고무 주걱으로 섞으면서 약간 걸쭉해질 때까지 식힌다.

advice

적정 온도는 20~23℃. 너무 차게 식히면 굳어버리기 때문에 작업하는 중간중간 상태를 잘 확인합시다.

60℃까지 식힌 후 젤라틴을 넣는 이유는?

'녹이는 작업은 따뜻할 때!'라고 생각하기 쉽지만, 젤라틴은 온도가 너무 높으면 응고력이 떨어집니다. 50~60℃가 젤라틴을 녹이기에 가장 좋은 온도이므로 60℃까지 식힌 후 넣습니다.

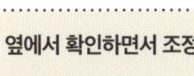

이게 짜는 용 농도!

맛있게 만드는 요령

딸기 크기에 따라 필요한 양이 바뀔 수 있습니다. 무스 띠 높이가 5cm, 위아래 제누아즈가 총 2cm이니 딸기는 작은 크기(통썰기했을 때 2.5cm 정도)가 작업하기 좋습니다.

Airio

옆에서 확인하면서 조정

옆에서 봤을 때 무스 반죽이 딸기 틈새를 잘 채웠는지 확인합니다. 중앙에 자른 딸기를 채운 후, 숟가락으로 가볍게 누르고 무스 윗부분으로 튀어나오지 않도록 조정합니다.

12

볼에 **마무리용 크림** 재료를 넣고, 볼 바닥에 얼음물을 대면서 짜는 용 농도로 휘핑한다 (115쪽). 원형 깍지를 끼운 짤주머니에 담아 **11** 위에 꽃 모양으로 둥글게 짜고, 중앙에 장식용 딸기를 얹는다.

물방울무늬의 라즈베리 무스 케이크

측면에 생크림으로 물방울무늬를 만든 귀엽고 새콤달콤한 무스.
무스 반죽은 「프레지에풍 바닐라 무스 케이크」보다 더 간단하게 만들 수 있는 레시피입니다.

재료 (지름 6cm, 높이 8cm 크기 4개 분량)
제누아즈(112쪽/1cm 두께로 자른 것) … 2장
무스 반죽

> 판젤라틴 … 4g
> 우유 … 35g
> 그래뉴당 … 35g
> 라즈베리 퓌레 … 100g
> 생크림(유지방 성분 42%) … 110g

시럽

> 그래뉴당 … 5g
> 물 … 10g
> 키르슈 … 5g

마무리용 크림

> 생크림(유지방 성분 42%) … 50g
> 연유(가당) … 10g

딸기 … 5개

밑준비
- 젤라틴은 얼음물에 넣어 불린다.
- 128쪽 「검은 숲 롤케이크」의 밑준비와
  동일하게 **시럽**을 만든다.
- 짤주머니를 2개 준비하고, 하나에는
  원형 깍지(지름 1cm)를 끼운다.

만드는 법
❶ 제누아즈는 131~133쪽 「프레지에풍 바닐라 무스 케이크」의 **2단**계와 동일하게 지름 6cm인 무스틀로 8장을 찍고(2장 1세트로 총 4개 분량), 윗면과 아랫면에 붓으로 **시럽**을 바른다.

❷ **무스 반죽**용 생크림을 담은 볼 바닥에 얼음물을 대고 무스용 농도로 휘핑한다(114쪽).

❸ ②의 10g을 덜어 코르네에 넣는다. 나머지는 냉장실에 넣어 사용하기 직전까지 차게 보관한다.

❹ 무스 띠의 위아래를 1cm씩 비워두고 ③에서 코르네에 넣은 크림으로 물방울무늬가 되게끔 7mm 크기의 원형으로 짠후(사진 a), 냉동실에 약 15분간 두어 차게 굳힌다.

❺ ①을 4장 나열해 ④의 물방울무늬가 안쪽이 되도록 두른 다음, 테이프로 고정한다. 사용하기 직전까지 냉동실에 넣어둔다.

❻ **무스 반죽**을 만든다. 내열 볼에 우유와 그래뉴당을 넣고 전자레인지(600W)에서 약 30초간 가열한다. 물기를 꽉 짠 젤라틴을 넣어 고무 주걱으로 저으면서 잔열로 녹인다.

❼ 라즈베리 퓌레를 ⑥에 조금씩 넣고 그때마다 고루 섞는다. 바닥에 얼음물을 대고 차게 식히면서 약간 걸쭉해질 때까지 섞는다(온도는 20~23℃가 적당).

❽ 냉장실에 넣어두었던 ③의 생크림을 더해 균일하게 될 때까지 고루 섞는다. 퍼 올렸을 때 주르륵 떨어지면서 자국이 약간 남는 농도가 되도록 만든다.

❾ 짤주머니(깍지 없음)에 넣고 ⑤에 균등하게 채운다(사진 b). 나머지 제누아즈로 덮고 비닐 랩을 씌워 냉장실에서 약 3시간 차게 굳힌다.

❿ 「프레지에풍 바닐라 무스 케이크」의 **12**단계와 동일하게 마무리용 크림을 휘핑하고 ⑨의 윗면에 꽃 모양으로 동그랗게 짠 후 딸기를 올린다.

Dotted raspberry mousse cake

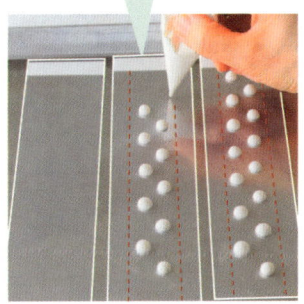

중앙 3cm 폭에 들어가게끔
크림을 짭니다

a

물방울무늬 사이를
채우듯이 무스 반죽을
짜 넣어요

b

절반 크기의 제누아즈

제누아즈를 1판 분량으로 구우면
양이 많으니 절반 크기로 구워도
됩니다. 분량은 전란 65g, 그래뉴
당·박력분 각 35g, 우유·미강유 각
12g으로 준비한 후 112~114쪽
「제누아즈 만드는 법」을 참조해서
반죽을 만들고, 170℃로 예열한 오
븐에서 18~20분간 굽습니다.

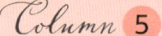
디저트를 돋보이게 만드는

랩핑 아이디어

디저트를 맛있게 만들 수 있게 되면 누군가에게 선물하고 싶어지는 법.
귀여운 디저트의 비주얼을 고스란히 살린, 보기만 해도 즐거워지는
랩핑 방법을 몇 가지 소개하겠습니다.

왁스페이퍼로 포인트를 준 랩핑

왁스페이퍼는 기름이 잘 스미지 않고, 색과 무늬도 다양합니다. 왁스페이퍼를 밑판으로 삼고 투명한 봉투에 넣으면 과자 분위기나 선물할 분의 취향에 맞춰 분위기를 다양하게 바꿀 수 있습니다. 내용물이 그대로 보여 귀여우면서 낱개로 포장하기 좋은 방법입니다.

베이킹컵에 채우기

시판용인 종이 재질의 베이킹컵은 상자와 달리 높이 제약이 없어서 편리합니다. 개별 포장한 마들렌이나 파운드 케이크 조각 등을 세워서 채우고, M형 OPP봉투에 넣어 리본이나 영문 테이프를 붙여 장식하면 마치 제과점에서 파는 듯한 비주얼로 완성된답니다.

사진은 약 18cm×10cm×높이 6cm인 베이킹컵. 마들렌과 피낭시에가 4~5개 들어가는 크기예요.

랩핑에 도움 되는 아이템

구움과자는 산소에 노출되면 신선도가 떨어지기에 포장할 때는 산소가 통하지 않도록 가공된 OPP봉투를 추천합니다. 습기에 약한 쿠키류에는 시트형 건조제를, 마들렌과 파운드케이크 등 폭신함과 촉촉함을 유지하고 싶은 과자에는 에탄올 휘산제(알베르 등)를 OPP봉투에 함께 넣어 실링기로 밀폐합니다.

실링기

봉지 입구에 나만의 아이디어를!

내용물이 보이는 창이 난 종이봉투나 OPP봉투에 과자를 넣고, 입구를 도일리 페이퍼(사진 오른쪽)로 장식하거나 헤더택(사진 왼쪽)으로 강조해보세요. 헤더택은 다양한 종류를 쉽게 구할 수 있지만, 나만의 헤더택을 직접 만들어보는 것도 재미있답니다.

삼각형 랩핑

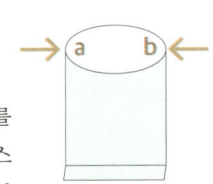

M형이 아닌 일반 납작한 투명 봉투에 과자를 넣고 입구 좌우(a, b)를 중앙에 모아 접은 후, 스테이플러나 실링기로 밀봉합니다. 여기서는 헤더택을 붙였지만 접을 때 끈을 통과시켜 리본으로 묶거나 택을 달아 장식해도 멋스러워요.

뚜껑에 천이나 리본을 장식

푸딩 등 뚜껑을 덮는 방식의 디저트는 무늬가 있는 천이나 종이로 뚜껑 위를 감싼 후 리본을 묶어 꾸며보세요. 느낌이 다른 리본이나 털실로 묶기만 해도 귀엽답니다.

투명한 박스와 레이스 테이프로 고급스럽게

화려한 홀케이크는 안이 그대로 보이는 투명한 박스에 넣어 선물해보세요. 특히 초콜릿 반죽으로 구운 케이크는 레이스 테이프가 선명하게 보여 근사하답니다. 리본도 초콜릿과 같은 계열 색으로 통일해 어른스러운 인상으로 마무리했어요.

* 사진 속 박스는 지름 13cm여서 케이크를 지름 12cm 틀로 구웠습니다.

디저트 재료

디저트를 맛있게 만들기 위해서는 재료를 고르는 것도 매우 중요합니다.
그래서 이 책에서 사용한 재료를 상세히 소개했습니다.
기본 재료인 박력분, 설탕, 달걀, 유지류, 유제품에 관해서는 각각의 특징을 비롯해
어떻게 구분해서 사용하는지도 설명해두었어요.

홋카이도산 박력분 돌체 600g

박력분

제과용 박력분을 사용했습니다. 입자가 미세해서 덜 덩어리지고, 공기를 가득 머금는 특징이 있습니다. 또한 상품에 따라 성분(단백질 함유량과 회분)이 다르기에 제과용 박력분을 사용하면 식감이 확연히 좋아집니다. 이 책에서는 따로 언급이 없으면 '돌체'를 사용했습니다. 물론 평소에 사용하는 박력분으로 만들어도 됩니다!

> **제품을 구분하여 사용하는 방식**
>
> 회분이 많을수록 밀의 풍미가 강하고, 단백질 함유량이 적을수록 찰기가 줄어들어 가벼운 식감으로 구워집니다. 저는 바삭한 식감으로 완성하고 싶은 쿠키나 타르트에는 '에크리튀르'를, 폭신한 식감과 볼륨감이 중요한 제누아즈 등을 구울 때는 '슈퍼바이올렛'을 사용합니다.

달걀

이 책에서는 특란을 사용해 달걀노른자 1개 분량=18g, 달걀흰자 1개 분량=35g, 전란 1개 분량=55g이 기준입니다. 달걀마다 차이가 있으니 레시피는 그램 표기를 우선시했습니다. 남은 달걀흰자는 냉동할 수 있습니다. 1개 분량씩 비닐 랩으로 싸거나 밀폐용기에 모아 냉동하세요.

냉동한 달걀흰자를 사용할 때는 냉장실에서 자연 해동한 후 사용

브라운슈거

슈거파우더

그래뉴당(미립자)

설탕

그래뉴당은 주로 고운 타입(미립자)을 사용합니다. 반죽에 잘 스며들고 멍울지지 않는다는 장점이 있습니다. 슈거파우더는 그래뉴당을 분말로 만든 것으로, 아주 잘 녹고 수분이 적은 쿠키나 타르트 반죽에 적합해요. 저는 잘 굳지 않고 작업성이 좋은 올리고당이 든 슈거파우더를 사용합니다. 브라운슈거는 정제도가 낮고 미네랄 함량이 높아 풍미와 감칠맛이 있습니다. 다만 과자 구움색이 조금 짙은 갈색으로 구워집니다.

* 레시피에서는 '그래뉴당'으로만 표기했습니다. 미립자를 사용할지는 취향껏!

홋카이도 요쓰바 무염 버터 450g

유지류

버터는 주로 무염을 사용합니다. 실온에 두어 부드러워진 버터에 공기를 넣거나 녹여서 반죽에 넣는 등, 사용법은 다양하지요. 다 구운 후 보관법에 따라 냉장해도 맛이 유지되게끔 미강유를 사용할 때도 있습니다. 미강유 대신 독특한 향이 없는 샐러드유나 무향 참기름(일본의 경우 태백참기름)으로 대체해도 됩니다.

유제품

생크림은 유지방 성분이 42%인 것을 추천합니다. 제가 애용하는 건 cotta 오리지널 사이즈 Omu유업의 퓨어크림입니다. 우유의 풍미가 진한데도 뒷맛은 깔끔해요! 크림이 새하얗기에 데커레이션 케이크를 예쁘게 완성할 수 있다는 점도 애용하는 이유 중 하나입니다. 우유는 반죽의 수분량을 조절할 때 사용합니다.

생크림이 아닌 '크림'에 대해

생크림은 우유로만 만든 유지방 성분 18% 이상인 것을 말합니다. 휘핑크림 등의 명칭인 제품은 유지방 전체 또는 일부를 식물성 지방으로 대체해 패키지에 '유제품 등을 주요 원료로 하는 식품'이라는 표시가 있습니다. 지방의 질이 다르면 과자 결과물에도 영향을 끼치므로 레시피에 기재된 생크림을 사용해주세요.

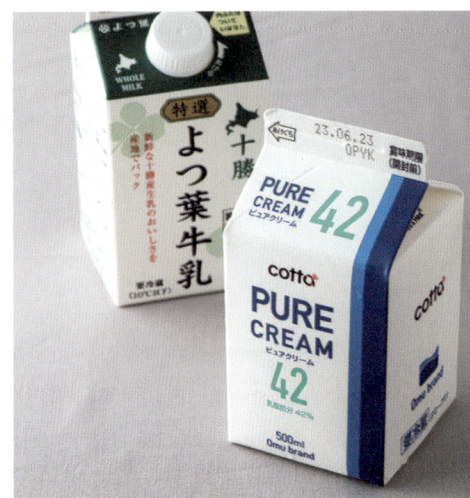

cotta 퓨어 크림 42% 500ml

기타   * 초콜릿에 관해서는 94쪽에서 자세히 소개했습니다.

바닐라빈 페이스트

바닐라빈의 향을 추출하고 씨를 더해 페이스트 상태로 가공한 제품. 껍질을 반으로 가른 후 안쪽 씨를 긁어내는 귀찮은 작업을 하지 않아도 되고, 바로 사용할 수 있어 편리합니다.

코코아파우더(무가당)

프랑스 노포 초콜릿 메이커 발로나사의 제품을 사용했습니다. 구움과자 반죽에 넣어 가열해도 색이 바래지 않고 맛과 향이 오래도록 유지돼요!

소금

구움과자 반죽에 소량의 소금을 넣으면 단맛이 강조됩니다. 저는 프랑스 브르타뉴 지방의 소금을 애용합니다. 파우더 상태로 가공되어 있어 활용도가 높아요.

오가닉 바닐라빈 페이스트 50g

cotta 발로나 카카오파우더 200g

게랑드 소금 Extra-fin(미립) 600g

디저트 만드는 도구

제가 사용하는 도구를 소개합니다. 기본 도구는 「준비」, 「섞기」, 「성형·굽기」로 나누어 단계별로 정리했습니다. 142쪽의 「있으면 유용한 도구」는 필요에 따라 조금씩 갖추어나가도 됩니다.

갖추어야 할 기본 도구

준비

섞기

오고지마 루미 감수
cotta볼
21cm·18cm·15cm

TCPC.100 볼

전자저울

베이킹파우더나 소금 등 극소량을 사용하는 재료도 있기에 0.1g 단위까지 계량할 수 있는 타입을 추천합니다. 저울에 용기를 올린 후 0g으로 설정할 수 있는 TARE 기능은 가열 후의 수분이 줄어드는 양을 확인할 때도 편리합니다.

체

가루류를 체 치면 공기를 머금어 반죽이 봉긋 잘 부풉니다. 저는 반자동체를 사용하지만, 망이 촘촘한 소쿠리로 체 쳐도 상관없습니다.

스테인리스 볼

스테인리스 볼은 각 크기가 다른 세 가지 종류로 준비해두면 좋습니다. 자주 사용하는 크기는 지름 18cm이고, 시폰 케이크 등 반죽량이 많을 때는 지름 21cm인 볼을 사용합니다. 사진의 볼은 바닥 면이 넓고, 커브 각도 또한 고무 주걱 모양을 고려해 설계되어 있어 재료가 잘 섞이기에 추천합니다.

전자레인지 사용이 가능한 볼

폴리카보네이트(열가소성 플라스틱-옮긴이)로 만든 볼은 전자레인지로 가열이 가능할 뿐만 아니라 냉동실에도 넣어둘 수 있습니다. 볼 무게도 100g 정도로 가벼워 다루기 쉽고, 계량도 편합니다. 따르는 주둥이가 달린 것도 편리해요. 투명해 내용물이 잘 보이기 때문에 저는 빵을 반죽한 후 발효할 때도 사용합니다.

성형·굽기

cotta 타공 매트
(240×360cm)

cotta 오리지널 반영구적으로 사용할
수 있는 테프론시트(30×100cm)

핸드믹서

쿠진아트 핸드믹서를 애용합니다. 힘이 있어 작업 효율이 뛰어납니다. 날은 두 종류가 있는데(최신 기종은 세 종류), 반죽을 섞는 용도의 비터(사진)는 씻기 쉬운 형태라는 것도 장점이에요.

거품기

길이가 27cm 정도인 것을 사용하고 있습니다. 너무 작으면 섞거나 거품을 낼 때 힘이 들기 때문에 길이가 적당히 긴 것을 사용하세요. 냄비로 가열하면서 섞을 때 사용할 와이어 부분이 실리콘 재질인 것도 있으면 좋습니다.

고무 주걱

주걱 부분과 손잡이 부분이 일체형 타입인 것이 씻기 편해 추천합니다. 우유 등을 냄비에서 섞으면서 가열할 때도 있기에 내열 고무 수석으로 골라주세요.

밀대

길이 40cm인 것을 사용합니다. 쿠키와 타르트 반죽은 위에서 누르면서 펴기 때문에 밀대 자체가 어느 정도 무게가 있어야 작업하기 편합니다.

식힘망

다 구운 과자를 식히기 위해 사용하는 망. 발이 있어 더욱더 통기성이 좋고, 와이어 굵기도 적당해 과자를 올렸을 때 안정감이 있습니다.

타공 매트(실팡)

글라스 파이버(유리 섬유-옮긴이)를 실리콘으로 코팅한 시트. 망사 상태로 가공되어 있어 쿠키와 타르트 등을 구울 때 깔면 여분의 수분과 유분이 빠져 바삭하게 완성됩니다. 바닥도 예쁘게 구워져요. 없다면 테프론시트나 유산지를 깔아도 됩니다.

테프론시트

불소수지 글라스 파이버 소재라 반영구적으로 사용할 수 있습니다. 오븐 팬에 반죽이 날라붙시 않도록 낄기도 하지만 지는 곧잘 사용하는 틀(원형틀 등)에 맞게 잘라 깔기도 합니다. 물론 유산지를 써도 됩니다.

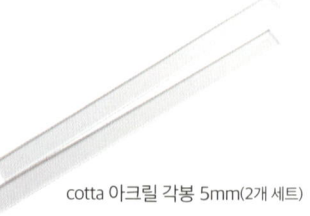

cotta 아크릴 각봉 5mm(2개 세트)

cotta 페이스트리 보드 S

온도계

디지털식을 추천합니다. 레시피에 따라 반죽 적정 온도가 적혀 있기도 하고, 중탕이나 찌는 온도 등이 적혀 있을 때도 있습니다. 온도계가 있으면 정확한 온도를 잴 수 있어요.

각봉

타르트 반죽 등을 균일한 두께로 밀거나, 제누아즈를 자를 때에 반죽의 양옆에 하나씩 두고 사용합니다. 이 책에서는 두께 3mm, 5mm, 1cm인 세 종류가 등장합니다.

반죽 작업판

반죽을 밀 때 사용합니다. 표면에 길이를 가늠할 수 있는 선이 그려져 있어 작업이 수월합니다. 없다면 부엌 작업대를 소독한 후 그 위에서 밀어도 됩니다.

짤주머니와 깍지

크림류를 짤 때뿐만 아니라 저는 반죽을 틀에 넣을 때도 사용합니다. 위생상 짤주머니는 일회용을 추천합니다. 이 책에 등장하는 깍지는 원형 깍지 두 종류(지름 1cm, 1.3cm), 별 깍지 두 종류(8발, 12발)입니다.

차 거름망

망이 촘촘해서 슈거파우더나 코코아파우더를 체 칠 때뿐만 아니라 푸딩액 등을 거를 때도 사용합니다.

과자틀은 용도에 맞춰 갖춰나간다

만들고 싶은 과자에 맞춰 필요한 틀을 갖춰나갑시다. 두루두루 잘 쓰이는 틀은 파운드틀과 원형틀, 정사각틀(이 책에서는 메인으로 등장하지는 않았지만)입니다. 실리콘틀도 있지만 구움색이 잘 나오지 않아 열전도율이 좋은 금속제를 추천합니다. 저의 추천은 마츠나가 제작소에서 나오는 틀입니다. 결과물이 예쁘게 구워지고, 과자가 틀에서 잘 떨어집니다. 가격은 조금 비싼 편이지만 평생 쓸 수 있어요!

타르트링을 추천!

바닥에 타공 매트를 깔아서 사용합니다. 바닥 면이 없는 만큼 열이 빨리 전달되고 타공 매트 덕분이기도 하지만 바삭한 식감으로 구워집니다. 굽는 도중에 반죽이 들뜨는 일도 없어 예쁘게 구워진답니다.

과자 만들기 Q & A

과자를 만들다 보면 생기는
사소한 의문과 고민에 답해드립니다.

Q 구운 당일에 과자가 퍼석해져요.

A 식히는 방법에 따라 차이가 납니다. 한 김 식으면 봉지에 넣으세요.

굽는 시간이 원인이 될 때도 있지만, 과자를 식히는 방식에도 요령이 있습니다. 완전히 식은 후에 봉지에 넣으면 식히는 동안에 많은 수분이 증발하고 맙니다. 아직 온기가 있을 때 봉지에 넣고, 대신 밀봉하지는 않은 채로 약간 열어두고 증기가 빠져나갈 수 있게 합니다. 완전히 식으면 밀봉합니다.

Q 쿠키에 구움색이 고르게 안 나요! 어떻게 하면 균일하게 구울 수 있나요?

A 두께를 맞추고, 열이 가해지는 방향을 확인합니다.

쿠키는 두께가 얇으면 빨리 구워지기 때문에 두께가 고르지 않으면 얇은 곳만 구움색이 진해집니다. 사블레라면 두께를 맞춰 자르는 것이 가장 중요하지요. 잘라서 굽는 타입의 과자는 되도록 크기를 맞춰서 구워보세요. 또한 오븐에 따라 열이 빨리 전달되는 곳이 있습니다. 사용하는 오븐의 특성을 잘 파악해 굽는 도중에 오븐 팬 방향을 바꾸거나 다 구워진 과자는 먼저 꺼내세요.

Q 설탕은 다른 종류로 바꿔도 괜찮나요?

A 바꿔도 만들 수는 있지만, 결과물에 다소 차이는 생깁니다.

되도록 레시피에서 지정한 설탕을 사용하기를 권장합니다. 예컨대 그래뉴당을 백설탕으로 바꿔도 만들 수는 있지만 구움색이 진하게 나거나 식감이 사소하지만 바뀌기도 합니다. 브라운슈거로 대체하면 풍미도 바뀝니다(취향에 맞으면 상관없습니다). 또한 쿠키에 사용하는 슈거파우더를 그래뉴당으로 바꾸면 슈거파우더보다 그래뉴당이 입자가 거칠어서 결과물 표면이 약간 울퉁불퉁해집니다.

Q 데커레이션 케이크를 잘 자르는 요령은요?

A 칼을 자를 때마다 데우고, 닦아서 깨끗하게 유지합니다.

중앙에 딸기가 있는 경우는 일단 덜어둡니다(과일 타르트 등도 마찬가지). 케이크용 칼(또는 빵칼)을 뜨거운 물에 담가 데우는 게 포인트! 칼을 앞뒤로 움직이면서 톱질하듯 자릅니다. 한곳을 다 잘랐다면 칼에 묻은 크림을 닦아내고 칼을 데운 후 같은 방법으로 자릅니다. 이를 반복하면서 잘라주세요. 덜어둔 딸기는 잘라서 각각의 자른 케이크 위에 올립니다.

롤케이크도 같은 요령!

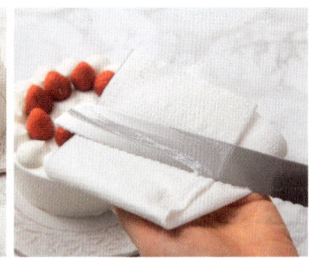

몇 번이고
만들고 싶은
홈디저트

발행일 2024년 5월 3일 초판 1쇄 발행
지은이 아이리오
옮긴이 임지인
발행인 강학경
발행처 시그마북스
　　　　 Sigma Books
마케팅 정제용
에디터 양수진, 최연정, 최윤정
디자인 김문배, 강경희

등록번호 제10-965호
주소 서울특별시 영등포구 양평로 22길 21 선유도코오롱디지털타워 A402호
전자우편 sigmabooks@spress.co.kr
홈페이지 http://www.sigmabooks.co.kr
전화 (02) 2062-5288~9
팩시밀리 (02) 323-4197
ISBN 979-11-6862-237-1 (13590)

NANDOMO TSUKUTTE TADORITSUITA AIRIO NO OKASHI
© airio 2023
First published in Japan in 2023 by KADOKAWA CORPORATION, Tokyo.
Korean translation rights arranged with KADOKAWA CORPORATION, Tokyo
through ENTERS KOREA CO., LTD.